懂收纳的家居设计

漂亮家居编辑部　著

中国水利水电出版社
www.waterpub.com.cn
·北京·

Contents

目 录

图片提供 ©FUGE 馥阁设计

图片提供 © 演拓空间室内设计

✛ Chapter 4 区域・书房

✛ Chapter 5 区域・卧室

✛ Chapter 6 区域・浴室

✛ Chapter 7 区域・储藏空间

Chapter

1

区域 · 玄关

一进门就是客厅，没有玄关的规划空间。这时候该怎么办？理想的玄关大小应该至少一坪[1]以上，宽敞的空间感不仅能避免开门后无法站立的窘况，也可配置适合的功能。一般来说，玄关或通道至少要有 90cm 宽；若宽度不足，应该尽量避免设计高度过高或直逼天花板的柜子。

[1] "坪"为面积单位，1 坪约为 3.3m² （书中部分设计图中以 p 代替"坪"）。

Part 1 就是没有玄关，
鞋子要收到哪里？

Part 2 玄关不大，
鞋柜要怎么做才能收得多？

就是没有玄关，鞋子要收到哪里？

+ 格局设计关键

调整开门方向，顺应合理动线

将原来的老旧大楼空间重新安排，并在玄关规划高柜增添原来缺少的收纳功能。考虑到原始开门方向，一进门即面对顶天高柜太有压迫感，且形成阴暗死角，行走动线也不合理，因此更改大门开门方向，调整为顺畅的动线，可在一进门立刻感受到开放式设计的开阔空间感。

图片提供 ©Z 轴空间设计

Before

图片提供 ©Z 轴空间设计

After

更改大门方向，化解入口顶天高柜造成的压迫与局促的空间感。

╋ 尺寸设计关键

上下镂空设计，化解沉重压迫感

玄关顶天高柜主要为收纳鞋柜，但需兼具公共空间的收纳需求，因此高度约2.4m、宽度约1.8m的高柜将收容量最大化。另外，在靠近电视墙处转角，系统柜结合木材嵌入开放柜，借此变化柜体位置并辅助欠缺收纳功能的电视墙；高柜虽能满足收纳需求，却容易产生压迫感，选择白色烤漆，刻意不将柜体做满，而是上面镂空30cm，下面镂空20cm，以营造量体轻盈效果。

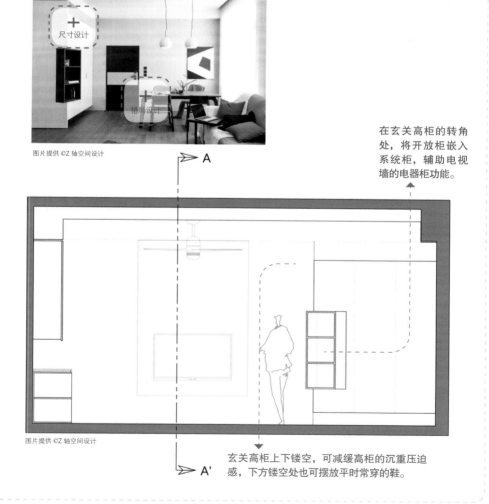

图片提供 ©Z轴空间设计

> A

图片提供 ©Z轴空间设计

> A'

在玄关高柜的转角处，将开放柜嵌入系统柜，辅助电视墙的电器柜功能。

玄关高柜上下镂空，可减缓高柜的沉重压迫感，下方镂空处也可摆放平时常穿的鞋。

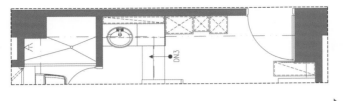

接近大门处的柜体做中段留白设计，变化出可用来摆设装饰品的台面，放置常用钥匙也很方便。

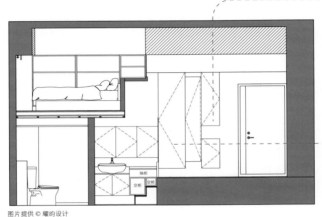

三座柜体不等宽、不等高，可避免样式呆板，以及过于沉重的量体感。

图片提供 © 耀昀设计

+ 尺寸设计关键

深 30cm 柜体轻松收纳鞋物

由于入门区的空间不大，除选择以吊柜取代落地柜来减轻视觉重量感外，同时考虑到实际鞋物大小，将柜体设计成最为经济的 30cm 深，既好收、又不致于对空间造成太大压力。此外，三座吊柜不等高、不等宽的安排则在视觉上更具有造型美与变化性。

图片提供 © 耀昀设计

组合吊柜解决无玄关收纳难题

由于是复合式夹层房屋，单层面积小而局限，因此，大门周边完全没有可规划玄关的空间。而为解决出入收纳的问题，设计师在进门右手边设置吊柜，不仅能摆放钥匙和鞋子，高低大小的造型也在视觉上增加聚焦端景，使得玄关隐然成型。

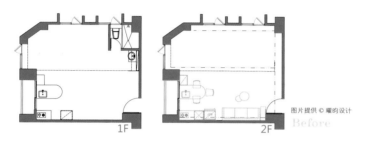

图片提供 © 耀昀设计

1F　2F　Before

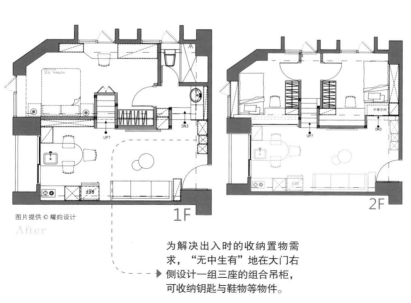

图片提供 © 耀昀设计

After

1F　2F

为解决出入时的收纳置物需求，"无中生有"地在大门右侧设计一组三座的组合吊柜，可收纳钥匙与鞋物等物件。

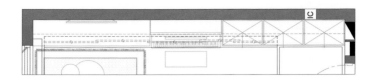

图片提供 © 云司国际设计

依据收纳对象安排不同颜色深浅、不同尺寸的柜体形式，避免使空间显得狭隘。

白橡木收纳柜体即使庞大也不显拥挤，并运用镜面扩大视觉效果。

深浅交错满足收纳扩大视觉

为了避免整面收纳墙使空间显得狭隘，设计师采用一深一浅的设计手法：玄关收纳柜约40cm深、电视墙浅；餐桌深、沙发长而浅，并内化沙发背后的弧形墙面，充分利用格局将收纳与设计融为一体。中间钢琴区则成为玄关、客厅的区隔，亦兼具端景的效果。

＋
尺寸设计

＋
格局设计

图片提供 ©Z 云司国际设计

✚ 格局设计关键

隐藏与展示同步营造层次

新婚夫妇开启新生活的 10 坪小宅，虽然格局方正，却有着空间分配零碎的问题，再加上坪数有限，收纳也是需要整合的第一要项。玄关利用廊道式设计加入充足收纳柜体，并以镜面创造丰富的光影效果，更双倍拓展视觉感受。而柜体延伸至客厅转以展示为主，并巧妙地在电视主墙与玄关之间嵌入开放琴房，展示个人品味。

图片提供 © 云司国际设计

Before

图片提供 © 云司国际设计

After

因为仅是 10 坪大小的房子，将收纳整合于同一墙面，并运用隐藏与展示手法令空间富有层次。

① "尺" 为长度单位，1 尺约为 33.3cm。

大容量鞋柜，球鞋再多也不怕。

鞋柜设计

图片提供 ©Z 轴空间设计

多用途 **Case 01**
一次解决球鞋与玩偶收纳

屋主需求 ▶ 屋主有收集球鞋的习惯，因此收纳柜不仅要满足公共空间的所有收纳需求，也需要解决球鞋收纳问题。

格局分析 ▶ 没有明确界定出玄关，且坪数较小，安排过多收纳柜容易让空间变得狭小、拥挤。

柜体规划 ▶ 入口处侧墙打造长约 2.1m 的大型收纳柜，满足公共空间所有收纳需求，也隐约界定出玄关与客厅，位于玄关旁的畸零地①。另外做出一道墙面，制造收纳柜嵌入墙面的效果，增加收纳功能，更有拉齐线条的利落感。

好收技巧 ▶ 屋主收集球鞋及玩偶，因此柜体层板皆为活动式，以便配合收纳物品高度，随时做调整。

①畸零地指地形不完整或面积狭小、无法充分使用的。

收最多

Case 02
长、短靴、平底鞋
通通都能收

屋主需求 ▶ 成员是一对母女，两人鞋子加起来近 200 双。

格局分析 ▶ 一进门就是客厅，没有玄关的规划空间。

柜体规划 ▶ 整个电视柜打开后可以看到隐藏的像更衣室的储鞋间，电视背后共四个立面可收纳鞋子。

好收技巧 ▶ 以活动层板作为鞋柜的分隔，可根据鞋子种类改变需要的收纳高度。

图片提供 © 力口建筑

电视墙背后的层板间距较大，可收纳长靴，高度可微调。

图片提供 © 力口建筑

层板高度约 15 cm，适合收纳平底鞋。

上下皆有透气孔，有助减少异味。

图片提供 © 福研设计

45° 斜切门片，无把手也很好打开。

多用途 **Case 03**
鞋柜也是小型储物区

屋主需求 ▶ 希望鞋柜能有其他功能，并让空间看起来干净利落。

格局分析 ▶ 一进门就是客厅，收纳柜体应倚墙而设，避免空间过于压迫拥挤。

柜体规划 ▶ 以多功能吊柜方式整合鞋柜、电视柜、书柜等多元功能，悬空式设计在于透气、轻巧等功能。

好收技巧 ▶ 右侧较高的层板可收纳其他杂物、安全帽，或者是冬天的长靴。

多用途 **Case 04**
隔间退缩打造复合柜体

屋主需求 ▶ 希望有足够的收纳功能，同时还要摆放风水饰品。

格局分析 ▶ 推开门就是客厅，且入口到沙发背墙的距离略短，没有足够的缓冲空间规划玄关。

柜体规划 ▶ 将沙发背墙稍微向后退缩，为客厅争取出增加柜体的深度，创造出电视柜、鞋柜的整合收纳概念。

好收技巧 ▶ 柜体侧边选择开放层架，便于收纳生活小物，也能遮挡凌乱感，此处深度约 30cm 左右，适合收纳拖鞋，主要鞋柜则集中于右侧三排内，深度约为 40cm。

右侧三排也是鞋柜。

图片提供 © 日作空间设计

不同地板材质导引动线。

二合一

Case 05
鞋柜整合展示柜

屋主需求 ▶ 需要有放置鞋子的地方，同时喜爱阅读以及运用家居饰品布置空间。

格局分析 ▶ 原有格局进门就是餐厅，没有一个完整的玄关空间。

柜体规划 ▶ 以简约线板拱门构成的隔屏不仅是书架、展示柜，两侧下方更兼具鞋柜收纳功能，上方展示架的屏风可360°调整，避免入门直视厅区，又能维持空间的通透感。

好收技巧 ▶ 鞋柜门片上预留一字型把手，兼具通风的效果。

图片提供 © 尔声空间设计

- - - ▶ 把手同时也有透气孔的作用。

图片提供 © 奇逸设计

↓ 柜体上下皆有透气孔。

超有型

Case 06
特殊把手打造有型柜墙

屋主需求 ▶ 希望隔出玄关区，又要有大型收纳区，满足收纳需求。

格局分析 ▶ 缺少明确玄关区，但若以实墙或大型柜体界定，会产生空间压迫感。

柜体规划 ▶ 柜墙沿天花梁柱规划，为化解均等分配的格式，把手为不规则的 L 型、倒 L 型，形成自然律动感，最后再以淡雅灰色给表面做处理，让柜墙成功融入空间氛围。

好收技巧 ▶ 柜体刻意不至顶到天花板，下方也悬空 20cm，并在上下方开透气孔，避免鞋柜密闭产生异味。

双用途

Case 07
L 型高柜是隔间也是收纳

图片提供 © 奇逸设计

屋主需求 ▶ 厨房与玄关可以略做区隔，但又不想因此造成压迫感。

格局分析 ▶ 开门即可看见厨房，令使用者感觉缺少隐私感。

柜体规划 ▶ 为了界定玄关，也为增加厨房隐密性，以一座顶天鞋柜取代隔墙做出区隔功能，高柜中间做出开口，避免柜体迎面而来产生压迫感。

好收技巧 ▶ 因开口设计而产生的小平台，可摆放小物件、盆栽或展示品。

开口设计避免压迫感。

鞋柜宽度以 25:25:50 的比例（单位：cm）排列，鞋子不会有落单收纳的问题。

图片提供 © 实适空间设计

超能收

Case 08
分割、悬空鞋柜带来轻盈视感

屋主需求 ▶ 女主人有大量鞋子需要收纳。

格局分析 ▶ 入门就是客厅和餐厅空间，没有明确的玄关区域。

柜体规划 ▶ 利用入口右侧的墙面规划三座鞋柜，采用系统柜设计，特意的比例分割呼应户外的山峦景致。

好收技巧 ▶ 以活动层板作为鞋柜的分隔，可根据鞋子种类改变需要的收纳高度。

超宽敞

Case 09
旋转鞋柜扩大空间

屋主需求 ▶ 具备收纳功能的同时，又能留出宽敞的空间。

格局分析 ▶ 入门玄关左右即为客厅与餐厨区，运用鞋柜区隔空间，不致一眼就看到餐厨炉灶。

柜体规划 ▶ 设置中轴让柜体旋转，宽 2m 的柜体旋转后正好能与中岛平行，客厅和餐厅即连成一体，扩展空间深度。

好收技巧 ▶ 柜体中央镂空，不做满的设计方便放置随身的物品。内部则是除了收纳鞋子之外，也设计了伞架和抽屉，助于分门别类。

→ 柜体镂空可放置随身物品。

图片提供 © 演拓空间室内设计

图片提供 © 演拓空间室内设计

Part 2

玄关不大，
鞋柜要怎么做才能收得多？

柜体转向创造流畅动线

此为跃层住宅，原本进门后在左右以木质柜隔出玄关，此做法虽保留正向光源，却阻断了左侧光源，让位于玄关右侧的餐厨区显得阴暗且过于狭小。因此拆除木质柜，打造一座双面柜并将位置转为横向排列，以解决空间区隔与采光问题，餐厨区拥有来自两面光源而变得明亮，横向双面柜虽挡住玄关正向光源，但左侧充足的光线化解了玄关阴暗的疑虑。

图片提供 © 明楼室内设计
Before

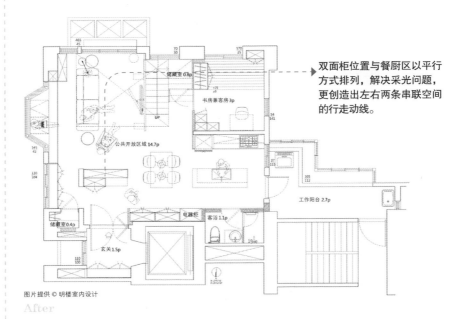

双面柜位置与餐厨区以平行方式排列，解决采光问题，更创造出左右两条串联空间的行走动线。

储藏室 0.8p

书房兼客房 3p

公共开放区域 14.7p

UP

工作阳台 2.7p

储藏室 0.4p

电器柜

客浴 1.1p

玄关 1.5p

图片提供 © 明楼室内设计
After

十 尺寸设计关键

复合柜墙设计，满足多重需求

兼具隔间功能的双面柜，量体过大容易让人一进门就有压迫感，因此以高 220cm、宽 180cm 做规划，在面向玄关的柜面，切分成上下柜并结合穿鞋椅的设计，化解整面密闭式设计的沉重感。下柜与吊柜之间留出 50cm，让鞋柜台面可放置钥匙等零碎物品；穿鞋椅与吊柜间的距离约 105cm，则是基于坐下穿鞋起身的舒适度。

尺寸设计

格局设计

图片提供 © 明楼室内设计

柜体不做至顶天，反而在高柜与天花板之间安排照明，除了照明作用，还有轻盈高柜的视觉效果。

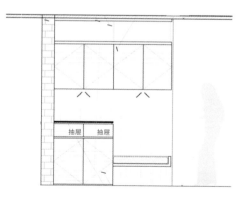

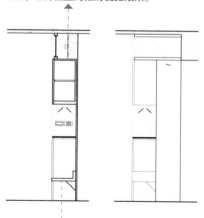

图片提供 © 明楼室内设计

抽屉　抽屉

穿鞋椅悬空 31cm，不只有轻盈柜体效果，平时也可摆放常穿的鞋子。

鞋柜设计

矮柜能收也能坐。

图片提供 © 明楼室内设计

多用途 Case 01
结合双重功能的灵活收纳

屋主需求 ▶ 玄关处需有收纳空间，也希望可以有方便坐下换鞋的功能。

格局分析 ▶ 没有明显玄关空间，需做出明确内外空间界定。

柜体规划 ▶ 以一座大型鞋柜与靠墙坐榻圈围出玄关区，大型鞋柜采用悬浮式，降低迎面而来的沉重感，坐榻下方空间安排可灵活移动的矮柜，使用方便，同时也具有坐椅功能。

好收技巧 ▶ 矮柜安装轮子让柜体可自由移动，并采用方便收纳的上掀式门片，让整理收纳更为省时且不费力。

运用轨道，
柜体可轻松拉出。

运用轨道，
柜体可轻松拉出。

细长层格设计，刚好能卡住雨伞。

超隐形

Case 02
鞋柜、伞柜隐藏在墙里

屋主需求 ▶ 希望有充足的鞋柜和雨伞收纳空间，不要散落在角落。

格局分析 ▶ 玄关位置较窄，较不适宜独立摆放伞架。

柜体规划 ▶ 玄关紧邻电视墙，将柜体嵌入电视墙中，并利用抽拉设计隐藏起来，不破坏整体美感。

好收技巧 ▶ 柜体内分别依雨伞、鞋子规划了不同样式层柜，在使用上清楚又方便，拿取时轻轻拉开柜体便可取出。

图片提供 © 摩登雅舍室内设计

鞋柜背面是电视墙。

图片提供 © 摩登雅舍室内设计

超激量

Case 03
双面柜设计，收纳量爆表

屋主需求 ▶ 需要放置一家四口的鞋子，必须有充足的收纳空间。

格局分析 ▶ 通过入门高柜将原有的玄关缩短，玄关与客厅则再以双面柜相隔，围塑适宜的入门廊道。

柜体规划 ▶ 运用百叶门片设计落地高柜，也可成为入门的美丽端景。右侧为鞋柜，同时也是电视墙，双面利用的设计让收纳量倍增。

好收技巧 ▶ 鞋柜邻近大门处的位置刻意设计柜格，用于放置钥匙等，贴心的设计让进出更方便。

Case 04
时尚材质淡化收纳感

屋主需求 ▶ 希望屋内空间以喜欢的时尚、深色为主要风格。

格局分析 ▶ 玄关空间不大，过多柜体规划易形成压迫感。

柜体规划 ▶ 柜体虽呼应空间风格以深色为主，但采用悬空设计，并使用具有反射效果的亮面材质，借此淡化柜体沉重感，同时也呼应空间风格，让人一走进玄关，便有深刻的时尚印象。

好收技巧 ▶ 柜体贴覆镜面，不只营造时尚现代感，同时也可当成出门前的穿衣镜使用。

镜面兼具穿衣镜功能。

图片提供 © 界阳＆大司室内设计

图片提供 © 尔声空间设计

客厅展示柜侧边也能收纳鞋子。

超隐形

Case 05
厨房转向创造鞋柜功能

屋主需求 ▶ 希望空间可以明亮宽敞，还要具备丰富的收纳功能。

格局分析 ▶ 15坪的小房子格局不甚方正，进门左侧就是一道高柜阻挡，空间零碎且阴暗。

柜体规划 ▶ 将厨房转向之后，入口左侧规划出鞋柜与冰箱的收纳空间，同时前方的多功能柜体侧面也具有储藏鞋物的辅助功能。

好收技巧 ▶ 鞋柜区分为上下柜体，下方可收纳使用频率较高的鞋子，深度皆达 35～40cm。

鞋柜深度增加至 90cm，
提升容量。

图片提供 © 陶玺空间设计

Case 06

超激量

**鞋柜深度调整为 90cm，
提升容纳量**

屋主需求 ▶ 期盼有玄关柜和鞋柜，让不同物品
有各自的收纳空间。

格局分析 ▶ 玄关旁有一些零散的柱体，借此配
置了具有双重功能的鞋柜与玄关柜。

柜体规划 ▶ 鞋柜以抽拉形式为主，轻轻一拉就
能拿取鞋子，深度更调整至 90cm，以提升收
纳容量。

好收技巧 ▶ 柜体结合滑轨五金配件，只要轻轻
一拉，便可将 90cm 深的鞋柜展开；内部层板
设计为活动形式，让其中的高度可依据鞋子种
类来做调整。

Case 07

超激量

延伸柜体，增加收纳量

屋主需求 ▶ 配合屋主的职业，希望整体空间
能以休闲风格为主。

格局分析 ▶ 虽然客厅空间非常大，但进门的
玄关处较为窄小。

柜体规划 ▶ 运用文化石、铁件与白色木皮，
打造细致又有层次感的收纳体。鞋柜转折以
一致色彩规划电视墙，延伸收纳容量。

好收技巧 ▶ 除了掀开式门片外，运用推拉门
也节省了不少力气，且不占空间，让公共领
域更大更舒服。

图片提供 © 相即设计

推拉门不占空间。

Case 08

超能收 运用特殊五金，长者也能轻巧收纳

屋主需求 ▶ 考虑到有坐轮椅的长者，所有收纳都必须让长者方便拿取。

格局分析 ▶ 柜体与玄关动线串联，进入家中就能沿动线顺势收纳。柜体前方过道留出120cm以上的回旋空间，即便坐轮椅也能方便进出。

柜体规划 ▶ 空间深度足够的情况下，上方设置吊衣杆，方便暂放大衣或外出包，下方则运用抽屉分门别类。

好收技巧 ▶ 上方选用具有把手的吊衣杆，让长者坐着也能拿取衣物。最下方的抽屉则使用特殊五金，无须弯腰，脚一踢就能开启，相当便利。

设置吊衣杆，坐着也能拿取衣物。

图片提供 © 演拓空间室内设计 摄影 © 刘士诚

穿鞋椅35cm，避免压缩空间尺度。

Case 09

收更多 重重机关，收纳量激增

屋主需求 ▶ 希望能在玄关处设计外出包、伞架的收纳区。

格局分析 ▶ 穿鞋椅和鞋柜沿着玄关廊道配置。

柜体规划 ▶ 以对称概念将鞋柜分别配置在穿鞋椅的两侧，门片则运用百叶加强柜内的通风。

好收技巧 ▶ 穿鞋椅后方巧用机关，运用拉抽五金可拉开后方柜体，此处则成为外出包、小型行李箱的收纳空间。柜内深度约70cm，为了不占据过多的廊道空间，穿鞋椅深度仅约35cm。

好拿取

Case 10
入门就收完的贴心设计

屋主需求 ▶ 屋主为虔诚的基督徒，长期在国外奔波，仅需要基础的收纳空间。

格局分析 ▶ 不动格局，正对大门设置鞋柜。

柜体规划 ▶ 四扇门片运用十字架的符号组合，再辅以光源，营造宛如光之教堂的景象；同时也是实用的凹把手设计。

好收技巧 ▶ 除了鞋子的收纳外，也设计了吊衣杆和行李箱的收纳区域，让长期在外奔波的屋主无须搬运，就能在大门入口处卸下所有行囊。

鞋柜也能收纳行李箱。

图片提供 © 摩登雅舍室内设计

图片提供 © 摩登雅舍室内设计

椅子离地 55cm 符合人体工学。

超舒适

Case 11
柜体悬空，下方也能
进行收纳

屋主需求 ▶ 鞋子数量较多，需要充足的收纳空间。

格局分析 ▶ 不动原有格局，柜体沿墙配置。

柜体规划 ▶ 鞋柜置顶，并搭配 45cm 深的穿鞋椅，满足坐着穿鞋的需求。穿鞋椅下方则规划抽屉，有效扩增收纳空间。

好收技巧 ▶ 穿鞋椅刻意悬空，拉高约 25cm，以利收纳屋主的高筒靴。穿鞋椅的座面则离地约 55cm，符合人体工学。

Column

鞋柜尺寸细节全在这儿

|提示1|

超过70cm的深度可以做滑柜

正常鞋柜深度约为32～35cm，空间上若能拉出70cm的深度，就可以考虑采用双层滑柜的方式，兼顾分类与便利。层板可采用活动式，方便屋主视情况随意调整。

|提示2|

鞋柜深度以35～40公分为主

鞋子依人体工学设计，尺寸不会超过30cm，除了超大鞋与小孩鞋以外，因此鞋柜深度一般为35～40cm，让尺寸大的鞋子也能方便收纳。如果要考虑将鞋盒放到鞋柜中，则需要38～40cm的深度；如果还要摆放高尔夫球球具、吸尘器等物品，深度则必须在40cm以上才够用。

|提示3|

深度15cm，收纳雨伞刚刚好

雨伞不论折叠伞、立伞，收起来体积都不大，因此可以将柜体整合墙面设计，规划一个深度约15～16cm（含门片距离）的雨伞柜，既不影响空间，大小不一的雨伞也能被收得漂漂亮亮。

|提示4|

层板高度设定在约15cm左右

鞋柜高度通常设定在15cm左右，但为了应男女鞋有高低落差，建议在设计时，两旁螺帽间的距离可以密一点，让层板可依照鞋子高度调整间距，摆放时可将男女鞋分层放置。

|提示5|

鞋柜悬空高度离地25cm为佳

鞋柜下方的悬空设计，可放置进屋时脱下的鞋子，先让鞋子透透气，等味道散去再放进鞋柜，下雨天的湿鞋子也可暂放于此，平时则可摆放拖鞋，方便回家后穿脱，而鞋柜悬空的高度建议离地25cm。

图片提供 ©FUGE 馥阁设计

区域·客厅

客厅规划通常分成几种形式，面积较小的空间一般会让电视墙与书房、餐厅隔间相结合，或者是通过旋转电视墙的设计释放空间感。不论哪种规划，客厅最重要的就是视听设备的收纳、线材的隐藏、设备的散热、柜体深度至少60cm 才能使收纳既整齐又美观。

Part 1

跨领域电视墙除了做整面柜子，
还可以有哪些变化？

+ 格局设计关键

主墙三部曲，电视柜、展示区与全能收纳

客厅虽有大面落地采光窗，但其实公共区仅有客厅单向受光。为了让餐厅与玄关也能享有自然光，因而采取开放格局，并且借由客厅木质电视柜串联白色书柜和玄关柜的设计来延伸、放大格局。

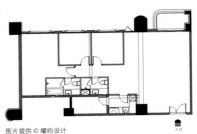

图片提供 © 耀昀设计
Before

图片提供 © 耀昀设计
After

在连贯的白色柜体中嵌入一扇木质屏风，让出入格局更有内外层次感。

入口

✚ 尺寸设计关键

中空展示台创造轻盈与变化性

首先，在大幅宽的主墙上端以饰板遮掩梁线，并于墙柜下方做悬空设计，以降低大量柜体的压迫感。此外，在视觉焦点区设计高约 40cm 的中空展示柜，与周边白色门柜形成虚实交替的对比画面，不仅变化出不同收纳功能，也更能显现轻盈、趣味的端景意象。

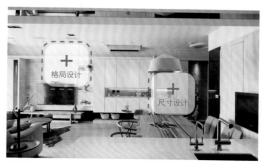

图片提供 © 耀昀设计

以木皮中空展示柜在白色墙柜中做
跳色变化，呈现虚实交替的画面。

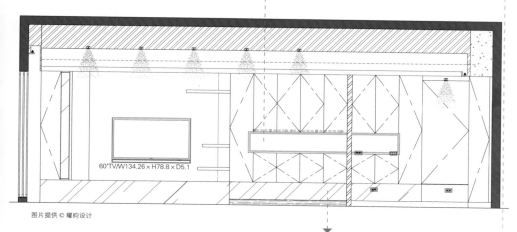

60"TV/W134.26 × H78.8 × D5.1

图片提供 © 耀昀设计

柜体下方采取悬空设计，可放置装饰品，或规划
插座、摆放室内常用拖鞋等，相当方便。

柜体深度均为 35cm，且符合
人体工学设计，使用上不会造
成困扰。

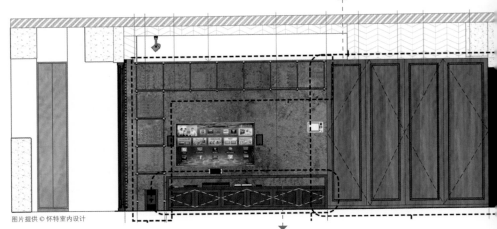

图片提供 © 怀特室内设计

电视机柜门片上嵌入 1mm 冲孔网，
除了可以让柜体看起来更为整齐，也
有助于内部散热。

✚ 尺寸设计关键

同一深度内构筑出迥异柜体

玄关鞋柜与客厅电视柜整合为一，为不占
去空间过多面积，整体柜体深度设计在
35cm，鞋柜部分为封闭形式，电视柜则以
黑铁为结构，创造出展示型收纳，通过不同
使用方式变出有趣的柜体设计。

图片提供 © 耀昀设计

✛ 格局设计关键

虚实交错收纳柜释放空间感

仅有 17 坪的小住宅，公共厅区呈长形结构，为了避免过多柜体压缩空间的宽敞程度，设计师利用横跨客厅、餐厅的完整墙面，将厅区基本的收纳整合在一起，沿着墙面规划虚实交错的收纳柜，满足收纳需求的同时，又让空间有开阔的效果。

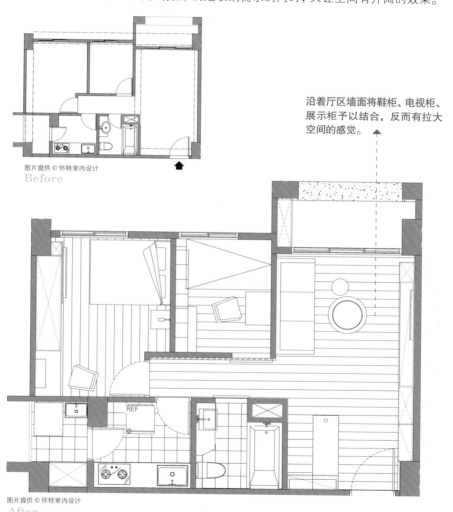

图片提供 © 怀特室内设计
Before

沿着厅区墙面将鞋柜、电视柜、展示柜予以结合，反而有拉大空间的感觉。

图片提供 © 怀特室内设计
After

电视墙设计

黑白铁件盒子仅侧边、上方开洞，让猫咪玩耍，日后也可变成书柜。

图片提供 © 尔声空间设计

多功能 **Case 01**
是展示墙、书墙，也是猫咪玩耍的乐园

屋主需求 ▶ 孩子的童书很多，加上收藏了许多 DVD、CD，这次换屋想要有地方收纳这些物品。

格局分析 ▶ 客厅面宽很长，且横跨玄关、餐厅，如何利用这面墙整合收纳是一大课题。

柜体规划 ▶ 通过各种形式的柜体设计，入口处为洞洞板搭配抽屉、玻璃展示柜，往里则是书柜与抽屉设备柜，电视墙特意内导设计，增加层次感与视觉深邃效果。

好收技巧 ▶ 洞洞板可以悬挂钥匙，搭配层板即化身相框摆设区，电视柜下方抽屉为 CD、DVD 收纳区，设备部分以木头嵌入玻璃材质，更方便遥控操作。

超隐形

Case 02
横向线条消弭房屋高度压迫感

屋主需求 ▸ 最担心房屋高度较低、采光与收纳问题，希望天花低矮的旧屋能变身阳光美宅。

格局分析 ▸ 屋内因高度只有 2.4m，视觉上易有压迫感；另外电视主墙旁有柱体，易产生突兀感。

柜体规划 ▸ 以双色系统柜夹杂玻璃的设计结合木材，打造横向发展的电视墙，将水平轴线延伸拉长，让视线与空间都变得更加宽广了。

好收技巧 ▸ 横拉柜体上下以留白不做满的设计，弱化柜体与屋高造成的压迫感，随柱体突出的橱柜则赋予平面更多变化，并虚化柱体。

柜体不做满，降低压迫感。◂ - - ╗

图片提供 © 耀昀设计

好利落

Case 03
角落结构化身设备柜更利落

屋主需求 ▸ 喜爱巴厘岛且收藏了许多当地的居家饰品，希望可融入居家空间。

格局分析 ▸ 属于长形结构，拥有连续的开窗条件。

柜体规划 ▸ 为呈现公共厅区干净纯粹的样貌，将客厅必需的设备柜体集中配置于左侧角落，右侧以铁件预埋墙面勾勒出利落的展示层架。

好收技巧 ▸ 角落柜体部分以黑玻璃门片收纳视听设备，便于遥控与减少灰尘，上端开放型态亦兼具展示功能。

设备线材隐藏在墙面内。◂ - - ╗

图片提供 © 白作空间设计

深色木皮淡化柜体存在感。

超隐形 Case 04
木质拼贴淡化功能感

屋主需求 ▶ 考虑到屋主的女性婉约特质，通过曲线及理性配色设计，架构出优雅安静的空间。

格局分析 ▶ 大门与客厅落地窗之间无屏障的格局，让室内显得较狭长，且没有层次感。

柜体规划 ▶ 先在大门区以吊柜与面盆设计屏风柜，增加遮掩、置物、清洁等功能，并将 1/4 圆的曲线元素延伸至电视墙及柜体，成为设计特色。

好收技巧 ▶ 木质感拼贴的电视墙柜表面材质，为整体空间营造出人文感与内敛气质，淡化橱柜功能感。

交错分割设计
富于变化。

图片提供 © 演拓空间室内设计

多功能

Case 05
电视主墙横向延展，
展现大器质感

屋主需求 ▶ 收藏品较多，需要有空间展示和收纳。

格局分析 ▶ 由于将鞋柜设置在外部空间，释放出多余空间给公共领域，右侧则通过餐水柜围塑客厅范围，有效区隔客厅和餐厅。

柜体规划 ▶ 大理石背墙刻意不做置顶，上方运用柜体材质延伸至玄关，展示柜与电视背墙连成一体，扩展空间视觉效果。

好收技巧 ▶ 展示柜交错分割柜板，可随意放置展示品，让空间更有律动感。而右侧餐柜则以白色拉门巧妙隐藏，避免凌乱的视觉感，位置邻近客厅，也更好拿取东西。

好开阔

Case 06
穿透电视柜创造生活趣味

屋主需求 ▶ 希望保有居家的开阔性，同时又能让生活的层次与各空间的定位更明确。

格局分析 ▶ 因大门正对客厅落地窗，令屋主对空间产生不安全感，同时也缺少格局层次感。

柜体规划 ▶ 在入口处先以铁件、大理石的白黑配色规划悬吊式隔屏，与电视柜黑底木质设计形成呼应，满足品味设计。

好收技巧 ▶ 为解决电视墙过短，采用跳空一座柜体的留白设计，让电视墙能延伸，客厅和餐厅视野可穿透，光线更无隔阂。

留白柜体可透光。

图片提供 © 森境 & 王俊宏室内装修

图片提供 © 青域设计

好清爽 | **Case 07**
侧边收纳柜增加
客厅深度

屋主需求 ▶ 屋况老旧，衍生阴暗、通风不良等问题，希望重新规划并注入北欧风格。

格局分析 ▶ 客厅的宽度不深，电视墙面融入黑色线性元素，采用不规格分割造型图纹，形成趣味框景。

柜体规划 ▶ 电视墙一旁连结不落地浅色柜体，让立面显得轻盈不压迫。

好收技巧 ▶ 浅色悬吊式柜体不仅显得轻盈，下方也可放置扫地机器人。

带状嵌灯虚化压迫感。

图片提供 © 法艺设计

开放层架收纳影音设备。

最好找 | **Case 08**
鞋柜和电视柜一起漂浮吧

屋主需求 ▶ 有孩子的夫妻有着极大的收纳需求，希望让东西不仅收得干净，也能轻易拿取。

格局分析 ▶ 开门进来旁边即为餐厅吧台，再往前走为客厅，借着具备端景功能的鞋柜界定玄关位置。

柜体规划 ▶ 鞋柜设计与电视柜一气呵成，刻意采取漂浮式设计和不同柜面板材质，创造视觉变化，更为空间注入清新质感。

好收技巧 ▶ 鞋柜和电视柜之间设计开放式直条型柜体，可收藏 CD 和展示小物，电视左侧的开放式层板可以收纳电话、MOD 等影音设备。

机柜门片加窗纱
修饰不显乱。

Case 09
好分类 分区收纳满足机柜与
书柜的需求

屋主需求 ▶ 除了电视机柜,还想拥有
大面书柜,以摆放藏书。

格局分析 ▶ 为让藏书能成为展品之一,
将书柜与机柜整合并置于客厅区。

柜体规划 ▶ 电视墙横梁下配置深度约
60cm 的机柜,两侧连同下方皆可收
纳;另一侧则为深度约40cm 的书柜,
分区、分层次满足各种收纳需求。

好收技巧 ▶ 电视机柜除了设有门片外,
还加了窗纱,既不外露显乱又不防碍
遥控问题。

Case 10
多层次 同一面墙却有三种不同
柜体样貌

屋主需求 ▶ 不喜欢过于繁复的电视墙,
但又期望有好的收纳空间。

格局分析 ▶ 厅区墙面横跨不同空间,如
果运用单一形式会显得太单调。

柜体规划 ▶ 客厅区域以特殊涂料展开干
净的电视墙面,为了平衡玄关柜体,在
电视墙左侧用铁件从天花板延伸出设计
展示柜,让同一面墙有三种不同的面貌。

好收技巧 ▶ 电视墙左侧的白色铁件展示
柜,主要能让屋主放置平日常看的书籍
和杂志。

图片提供 © 白金里居空间设计

铁件可避免宠物破坏。

Part 2

喜欢开放式的空间，
电视墙兼作隔间好用吗？

✛ 格局设计关键

玻璃格栅释放空间

邻近客厅的书房若以实墙隔断，势必会压缩客厅的空间感，而且会失去部分光源。因此，将整面书墙安排在实墙面，其余则以玻璃圈围出书房区域，在位于客厅的电视墙面，另外以木材搭配玻璃，制造出高高低低的曲线，增加视觉变化也确保电视吊挂位置，同时又不失玻璃隔墙的清透感。

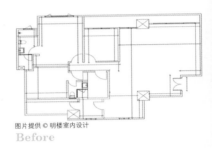

图片提供 © 明楼室内设计
Before

图片提供 © 明楼室内设计
After

收纳墙规划在距客厅较远的墙面，并在柜面做出巧思设计，借此淡化书墙制式感，也营造空间视觉变化与趣味。

阳台 3.8p
主卧 5.3p
儿童房 3.2p
主浴 2.1p
更衣间 1.7p
隐藏门
隐藏门
隐藏门
开放公共空间 17.7p
长辈房 3.9p
浴厕 1p
客浴 1.3p
52.5　52.5
工作阳台 2.5p
厨房 4.3p

＋ 尺寸设计关键

高低曲线完美收纳设备与书桌

运用玻璃、铁件、实木皮等不同材质结合而成的电视墙，通过精准的线条比例拿捏，120cm、140cm 高的格栅与墙面表述抽象的音乐律动，同时也成为后方书房的遮蔽，甚至玻璃也运用切割条纹设计，达到挑高修长的视觉效果。

图片提供 © 明楼室内设计

高 95cm 的设备机柜区分为三个高度，最底层预留 40cm 可收纳重低音、WII、XBOX 设备，上方两层约 17cm 高，可放置 DVD、音响主机。

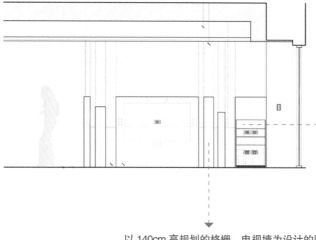

以 140cm 高规划的格栅、电视墙为设计的隔间，正好可以隐藏后方书桌，同时具有独立的私密性。

图片提供 © 明楼室内设计

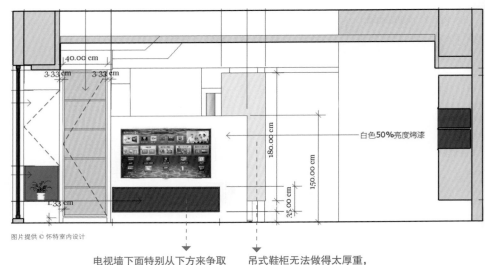

40.00 cm

3·33 cm 3·33 cm

180.00 cm

150.00 cm

——— 白色50%亮度烤漆

35.00 cm

1·33 cm

图片提供 © 怀特室内设计

电视墙下面特别从下方来争取收纳空间，做出深度 45cm 的机柜，可摆放电视 3C 用品和其他客厅生活用品。

吊式鞋柜无法做得太厚重，因此将深度规划为 35cm，大约可收纳 20 双鞋。

分柜设计拥有不同深度与尺度

电视柜采用分柜设计，形式不同，所对应的深度也有所不同。如鞋柜深度为 35cm，大约可收纳 20 双鞋；电视下方机柜深度为 45cm，试图从下方争取深度空间来摆放电器用品；至于旁边展示柜因后方还联结厨房电器柜，深度仅约 20cm，依旧能摆放不少收藏物品。

图片提供 © 耀昀设计

整合手法让生活物品通通都能收纳

客厅电视柜借由整合手法，再创造出不同面向、不同功能的柜体。灰色木皮是鞋柜，电视墙下方则是机柜。至于白色柜体则是展示柜，甚至背面还结合了厨房电器柜，兼具隔间功能，也让生活物品通通都被有效收纳。

柜体不只有单一面向，善用双面手法以及结合方式，一柜可以创造双重功能，也能做出分柜设计，让收纳更细腻。

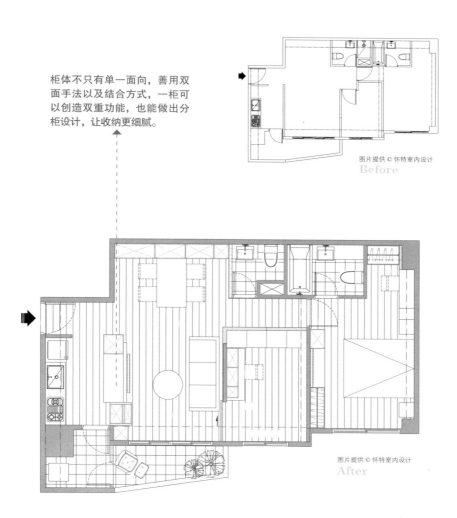

图片提供 © 怀特室内设计

Before

图片提供 © 怀特室内设计

After

电视墙设计

图片提供 © 日作空间设计

台面预留开孔设计，可在
此直接联接计算机。

超实用

Case 01
一柜两用争取空间感

屋主需求 ▶ 朋友偶尔会到家中聚会，希望
厅区能宽阔、明亮、舒适。

格局分析 ▶ 拥有错层结构的公寓住宅，原
有阳台已外推，一进门即可看见厅区全貌。

柜体规划 ▶ 利用电视墙划设出玄关范畴，
并将柜体规划在玄关区域，释放出宽敞且
光线可恣意穿透的空间。

好收技巧 ▶ 设备收纳巧妙藏至鞋柜内，让
电视墙可维持简洁利落的姿态。

图片提供 © 日作空间设计

设备收纳在黑玻璃柜内。

图片提供 © 森境 & 王俊宏室内装修

超宽敞

Case 02
客厅和餐厅双赢的
旋转电视墙

屋主需求 ▶ 屋主热情好客，常邀亲友来访，因此，希望大开放与大落地窗的空间来呈现明亮感。

格局分析 ▶ 将原本 4 房格局改成 2 卧、1 休闲室的设计，并使用客厅与餐厅分区但不分割的格局。

柜体规划 ▶ 采用半高的电视墙来界定客厅和餐厅，既保持视线通透，更棒的是客厅和餐厅的窗户得以串联，保留更大视野与采光，而视听设备则隐藏于右侧黑玻璃柜内。

好收技巧 ▶ 半高电视墙利用特殊五金设计，满足客厅与餐厅双面收视的需求，节省了两区域装设电视的预算与空间。

特殊五金达到旋转功能。

图片提供 © 森境 & 王俊宏室内装修

图片提供 © 明代设计

Case 03
一道墙成就风格、收纳与动线

屋主需求 ▶ 希望生活空间更通透、动线更自由，但又不能没有电视墙与隔间的层次感。

格局分析 ▶ 与书房仅有一墙之隔的客厅，格局方正且临采光不差，唯有窗边梁柱体积较大。

柜体规划 ▶ 电视墙以石材做全墙铺饰，并靠近窗边切割出一道门来创造与书房的环状动线，让视野更通透。

好收技巧 ▶ 作为隔间用的电视墙，在书房面又可摆放饰品及书籍。

图片提供 © 明代设计

电视墙背面变书柜。

多功能

Case 04
以收纳盒开始的收纳思考

屋主需求 ▶ 希望家中呈现 MUJI 日式风格，而家中两大一小，更是有许多杂物需要收纳。

格局分析 ▶ 30 坪的隔间仅有客厅单面采光，显得相当昏暗。打破格局，以双面电视柜作为隔间，也兼具收纳功能。

柜体规划 ▶ 屋主喜爱运用收纳盒收纳，因此以收纳盒为主体打造电视双面柜，更符合本身需求。

好收技巧 ▶ 先有收纳盒再开孔制作收纳柜，从屋主本身需求开始的收纳思考，比做好柜体再放入物品更实用。

图片提供 © 澄橙设计

电视墙侧面也能收纳。◀----

图片提供 © 白金里居空间设计

斜边造型可以收纳 80 包抽纸。

多用途

Case 05
视听柜兼具隐形隔间

屋主需求 ▶ DVD、PS3 等视听设备需收纳。

格局分析 ▶ 住家仅有 21 坪，客厅空间不大。

柜体规划 ▶ 设置独立的视听电器柜，上方分为四格，可供存放既有柜体，并预留一格做未来增购设备使用。

好收技巧 ▶ 独立的电器收纳柜可供屋主站立使用，维修孔则设置在背面书房处。

斜墙设计可淡化大梁。

Case 06
斜墙虚化梁体，打破方正迷思

屋主需求 ▶ 喜欢北欧简约风，同时又希望空间能看起来大一点，收纳多一点。

格局分析 ▶ 由于屋内大梁最低处仅 2.2m，让公共区显得压迫，加上客厅电视墙面有宽度过短问题。

柜体规划 ▶ 客厅与多功能休闲区中间的大梁下方规划以隔间储藏柜，利用斜面电视墙的变化争取更宽松的墙面宽度。

好收技巧 ▶ 隔间柜侧边包含开放式设计，形成端景效果。

好实用

Case 07
电视墙区隔储藏室，更藏神明桌

屋主需求 ▶ 除了需具备一般电视墙功能，还需有摆放神明的位置。

格局分析 ▶ 开放式规划，没有明确空间界定。

柜体规划 ▶ 墙面采用较深的木色，让电视墙成为空间重点，也有与餐厅做出界定的功能。不对称的墙面安排，形成视觉上的趣味与美感，也巧妙解决了神明、电视与影音设备的摆放问题。

好收技巧 ▶ 将铁件嵌入墙面凹槽，不仅便于清理，也能避免祭拜时容易被烟熏黑的问题。

神明桌以铁件构成，避免烟熏黑。

图片提供 ©Z 轴设计

双功能

Case 08
虚化收纳柜体，创造开阔感

屋主需求 ▶ 希望空间看上去更宽阔，不要有太多实墙隔间。

格局分析 ▶ 相邻的两个空间，若以实墙间隔容易压缩空间感。

柜体规划 ▶ 靠墙收纳柜墙采用黑色，低调融入墙面，虚化收纳生活感，悬空影音电器柜则以轻薄细长设计，呼应空间比例，也制造柜体轻盈效果。

好收技巧 ▶ 影音电器柜门片使用黑色玻璃，由于红外线可穿透玻璃，即使不打开门片，也不影响遥控器使用。

黑色玻璃方便直接遥控。

图片提供©界阳&大司室内设计

双功能

Case 09
向后跟衣橱要电视设备柜

图片提供©法艺设计

借衣柜深度做设备收纳。

屋主需求 ▶ 旧有的电视柜厚重，造成客厅沉重的压迫感；私人领域仅以拉帘作为分隔，没有清楚的界线。

格局分析 ▶ 以薄型电视墙取代旧有电视柜，左侧改为折叠门，让主卧的卫浴不再正对厨房，右侧改为拉门，书房也有了很好的私密性。

柜体规划 ▶ 电视墙高达3.7m，下方的电视设备柜是挪用自书房里的衣柜下缘，仅需60cm的深度就够了。

好收技巧 ▶ 电视设备柜以黑色玻璃覆盖，既美观又方便电器遥控操作，亦另设大理石台面，可放遥控器等小物。

Part 3

就是不想要制式的电视墙，
可以怎么做？

✛ 格局设计关键

结合电视墙功能的楼梯设计

为了不阻挡室内的绝佳采光，最后选择将电视墙规划在梯墙面，借此减少过多柜体，造成空间变小、行走动线不顺畅，客厅的主要收纳则依赖夹层下方的开放式书柜，由于屋主希望在空间里加入色彩元素，因此每个层板也涂上不同的颜色，为空间注入活泼朝气。

图片提供 © 明楼室内设计
Before

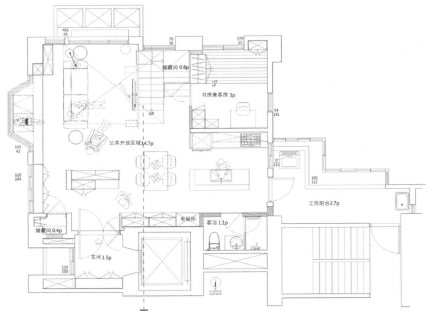

图片提供 © 明楼室内设计
After

梯墙面作为电视主墙面，串联公共区域，在看电视的同时也能注意到全家人的一举一动。

+ 尺寸设计关键

运用梯下空间做收纳

以梯墙面作为电视墙，必备的设备柜则利用楼梯的空间，内凹打造出高约
100cm、宽约52cm、深约60cm的设备柜。内凹设计让电视墙表面维持平整线条，
视觉上也保留了电视墙的利落感。

图片提供 © 明楼室内设计

图片提供 © 明楼室内设计

↓
内凹的100cm高设备柜可放2
台扩大机，最上层则是抽盘设
计，使用更便利。

↓
电视墙减少设计，电视下方悬挂
60cm长的层板摆放中置设备，维持
视觉上的整洁感。

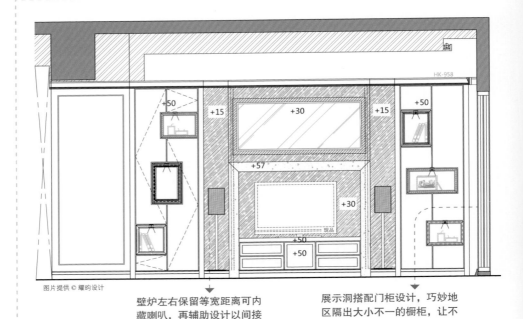

图片提供 © 耀昀设计

壁炉左右保留等宽距离可内藏喇叭，再辅助设计以间接光源则更显精致、闪耀。

展示洞搭配门柜设计，巧妙地区隔出大小不一的橱柜，让不同物品可轻松分类，而50cm的柜深也很好摆放物品。

深 57cm 壁炉定出
电视墙柜厚度

由于屋主偏好美式风格，同时又希望能将原有的家具融入新家。为此，设计师选择以卡拉拉白大理石做出壁炉造型来映衬既有电视，同时将屋主收藏的威尼斯镜挂放在壁炉上，提升优雅感；而左右对称的收纳柜柜深50cm，较壁炉略浅，可让主体更凸显。

格局设计

尺寸设计

图片提供 © 耀昀设计

✚ 格局设计关键

优雅满点的美式风格主墙

考虑客厅和餐厅格局不大，除选择开放设计外，将客、餐双区的主墙合并设计。首先，以壁炉为设计主体点出屋主喜爱的美式风格，并在两侧配置对称门柜与灯光展示洞，使风格与收纳功能同时获得满足，并将左侧突兀的柱体也包覆在美式壁板的装饰元素中。

电视墙周边原有突兀的结构柱体与大梁，这些问题格局均巧妙地融入壁炉主墙与向外延展的设计元素中。

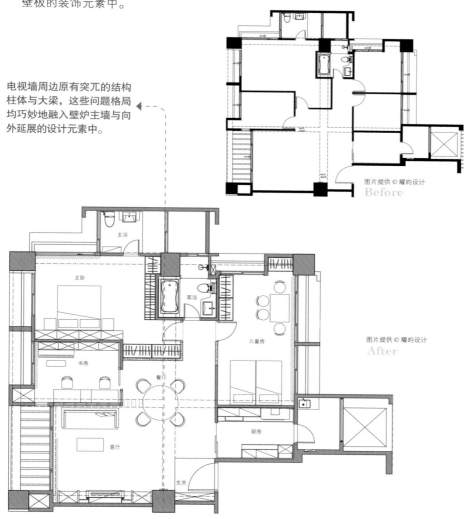

图片提供 © 耀昀设计

Before

图片提供 © 耀昀设计

After

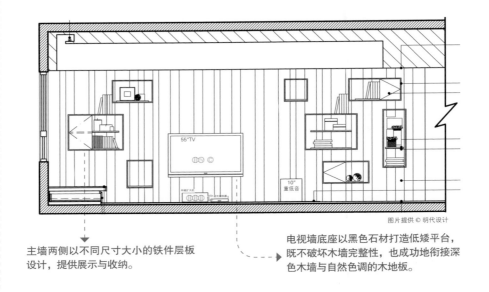

图片提供 © 明代设计

主墙两侧以不同尺寸大小的铁件层板设计，提供展示与收纳。

电视墙底座以黑色石材打造低矮平台，既不破坏木墙完整性，也成功地衔接深色木墙与自然色调的木地板。

开放铁件层板
打造艺术气息

从玄关转折进入客厅的烟熏橡木皮主墙，区别于一般大理石或亮面材质的耀眼，反而像深渊般吸收生活中的负能量，为空间氤氲出内敛而静谧的质感，再搭配巧思设计的开放式铁件层板，赋予其装饰及简单置物的功能，错落有致的墙面架构则凸显出居家温暖又独特的美好气质。

图片提供 © 明代设计

舍让一房，
狭长客厅变疗愈天堂

屋主希望家能展现舒压的疗愈能量，因此，设计师将原本狭长且过度隔间的客厅格局重新规划，舍弃客厅后方一间房，改作开放餐厅，同时将客厅窗边的卧榻延伸至餐桌旁，酝酿慵懒休闲气息，同时让两个区域的采光面可串联，形成充满正能量的阳光美宅。

图片提供 © 明代设计

Before

舍弃一房间后，让客厅的格局完全松绑，再搭配超长卧榻与木质电视墙，营造出疗愈身心的居家风景。

图片提供 © 明代设计

After

平面图

电
视
墙
设
计

图片提供 © 明楼室内设计

矮柜也具有座椅功能。

省空间

Case 01
高低交错营造律动感

屋主需求 ▶ 希望维持采光，但又需要柜体满足收纳需求。

格局分析 ▶ 若想保留绝佳采光条件，不宜安排过多柜体，但仍需顾及空间的基本收纳需求。

柜体规划 ▶ 作为电视墙的墙面为落地窗，设计师以矮柜做规划，避免因柜体遮挡失去原有采光，矮柜刻意高低起伏、错落安排，以呼应窗外山岚线条，而结合开放、封闭两种收纳方式，则能顾及电器、影音收纳，也方便屋主收纳零碎的小东西。

好收技巧 ▶ 矮柜平台不仅可摆放展示物品，结构经过加强，同时也兼具坐椅功能，让屋主可以坐在这里欣赏窗外的美丽景色。

好开阔

Case 02
虚拟主墙与电视柱
更显轻盈

屋主需求 ▶ 成功人士的雅痞华宅除讲究舒适外，更要高品味，所有设计都以量身订制为原则。

格局分析 ▶ 在开放的客厅与中岛餐厨，尽量降低墙面，以免视觉有局限感，力求空间自由与流畅。

柜体规划 ▶ 电视机后端以拓采岩包覆墙面，与厨房同材质电器柜墙串联，延展出主墙意象，但实质上却无传统电视墙的压迫感。

好收技巧 ▶ 电视以精致五金立柱搭配椭圆底座做支架，让电视元素可以更轻盈、立体地存在起居空间中。

五金立柱藏好管线。

图片提供 © 森境 & 王俊宏室内设计

层板可调高度，更好收。

图片提供 © 澄橙设计

超好收

Case 03
开放式电视柜活泼
展示个性

屋主需求 ▶ 希望家中有地方来展示收藏。

格局分析 ▶ 客厅的深度较窄，如果放置大型电视柜，空间将显得狭窄。

柜体规划 ▶ 开放式木质层板柜可以依照需求调整高度，并搭配屋主本身的收纳盒显得相当活泼。

好收技巧 ▶ 想要将物品收整好又美观，应该适当留白，除了能展现设计外，也不会对视觉产生压迫。

図片提供 © 明代设计

┌- - - → 石材台面简约收纳视听设备。

Case 04
木、灰、白色块玩出立体墙

屋主需求 ▶ 喜欢开阔视野与宽松格局，且希望提升收纳功能。

格局分析 ▶ 打开原封闭厨房，让厨房与客厅和餐厅呈开放式设计，同时书房的墙面也拆除，呈现无拘束格局。

柜体规划 ▶ 7m 主墙跨越了客厅、餐厅及开放厨房，并借由颜色搭配与材质设计转换区域背景，其中卧室门也被隐藏于灰色墙面中。

好收技巧 ▶ 以减法设计在电视墙面做线条式层板，省去过多装饰，视听装备则放在低台度石材地板上。

多功能

Case 05
黑色玻璃大推门
主控电视管理权

屋主需求 ▶ 不想孩子天天吵着看电视，希望能将电视加以隐藏。

格局分析 ▶ 大面宽的客厅主墙，以及落地窗采光，让室内即使有大柜体也不觉得压迫。

柜体规划 ▶ 将宽达 5m 的客厅面宽做足橱柜，并以等高、不等宽的层板与柜宽来配置隔板，满足大量及多元化收纳需求。

好收技巧 ▶ 为避免年幼的孩子长时间看电视，在墙柜中加装一扇可向左移动的2.7m 宽的黑色玻璃烤漆推门，可将电视藏在里面。

图片提供 © 耀昀设计

┌- - - → 烤漆玻璃门片可隐藏电视与凌乱物品。

好利落

Case 06
旋转电视化
解收视距离过短的问题

屋主需求 ▶ 喜欢现代设计的新婚夫妻，在新居中选择简约、不失稳重的 LOFT 风来凸显个性。

格局分析 ▶ 考虑到长型格局后半段的餐厅无对外窗户，故将客餐区采取开放设计，使得单向采光也能分享给餐厅。

柜体规划 ▶ 因应客、餐双区不同的收纳需求，各自规划有层板与橱柜，且刻意分配于左右两侧，借开放层板柜为空间带来加宽效果。

好收技巧 ▶ 位于客厅和餐厅中央的电视立柱，搭配可旋转设计让电视可供双边使用，顺势化解客厅电视收视距离过短的问题。

层板、橱柜各自满足
客厅和餐厅需求。

图片提供 © 森境 & 王俊宏室内设计

架高抽屉深度约 55cm，
太深反而不好拿取。

图片提供 © 日作空间设计

多功能

Case 07
隐藏式电视柜兼具书墙
与展示柜

屋主需求 ▶ 喜欢不受拘束的起居空间，可席地而坐地看书或聊天。

格局分析 ▶ 客厅利用架高设计铺设榻榻米，型塑出宛如草原般的意象，接续着远方的山景，带来自然且可坐可躺的自在生活。

柜体规划 ▶ 随着家具的弱化，整合书籍、电视的柜体利用活动门片适度隐藏，生活不再被 3C 制约。

好收技巧 ▶ 电视柜体搭配抽屉收纳，放置较为凌乱的小物件，而架高地板外侧开口则可摆放网络设备，让信号不受阻挡。

Case 08
双功能旋转电视架，满足多重需求

屋主需求 ▶ 希望保留空间开阔感。

格局分析 ▶ 以过多实墙做隔间，会让空间产生狭隘感。

柜体规划 ▶ 书房以玻璃拉折门为隔间、木地板划分区域，电视墙以可 360° 旋转的电视架取代，不管在餐厅、客厅或书房都能使用，也借此保留客厅至书房的开阔通透。

好收技巧 ▶ 悬挂电视的另一面是白板，只要转个方向，可书写的白板让妈妈变成了老师，书房变成孩子们的教室。

背面可当白板。

主机、DVD 直接放在平台上。

图片提供 © 明楼室内设计

图片提供 © 明楼室内设计

侧面可收 CD。

图片提供 © 福研设计

方框可收杂志。◀ - - - - -

好弹性

Case 09
超灵活 180° 旋转电视柜

屋主需求 ▶ 孩子在吃早餐时需要放英文学习影片，餐厅和客厅都要能收看电视。

格局分析 ▶ 不规则的格局里，将客厅与餐厅一同安置在心脏地带，以电视墙作为分水岭。

柜体规划 ▶ 电视墙柜划分成电视盒和电器柜，中间以特殊的旋转五金衔接，电视盒可 180° 旋转，依需求转向客厅或餐厅。

好收技巧 ▶ 电视盒在后方规划四格方框，高 35cm、深度 15cm，可成为展示区和杂志架，左右两侧更妥善运用作为 CD 柜。

图片提供 © 福研设计

Case 10
运用铁件与灯光隐藏电视柜

屋主需求 ▶ 期望有大尺寸电视,但又希望把电视隐藏起来,只在需要的时候看到即可。

格局分析 ▶ 在面积大的空间中,设计师以灰玻、铁件、光带等手法,结合出右方拉门以进入另一个办公阅读区域和左方的电视收纳柜体。

柜体规划 ▶ 在左侧电视墙上,以低矮的黑色柜体作为机组收纳,必以玻璃拉门作为平日遮蔽电视的方式。

好收技巧 ▶ 需要的时候只要轻轻一推开,大电视即刻呈现在眼前,不需要的时候关上,即变成一个单纯极致的休憩空间。

灰玻璃拉门
巧妙遮蔽电视。

图片提供 © 相即设计

抽屉层板搭配
收得更整齐。

空间设计 © 演拓空间室内设计 摄影 © 刘士诚

Case 11
收纳功能满载

屋主需求 ▶ 空间面积较小的情况下,希望也能有充足的收纳空间。

格局分析 ▶ 入门即见客厅,运用深度较浅的区域作为电视柜体。

柜体规划 ▶ 餐水柜、视听柜、储物柜整合在一起,柜门运用同一材质连贯视觉,拉门和隐藏把手的设计使立面更为干净利落。

好收技巧 ▶ 运用拉闩隐藏餐水柜,巧妙遮掩凌乱视觉,设计间接灯光,夜晚使用更方便。电视两侧做满收纳,抽屉和层板交错使用,收纳更井井有条。

超好收

Case 12
设备柜藏在楼梯内

屋主需求 ▶ 房屋面积太小，很担心做了电视柜会让空间更拥挤。

格局分析 ▶ 挑高 3.6m 的 7 坪住宅，必须利用复合功能做法，解决面积的限制。

柜体规划 ▶ 将影音设备柜整合在楼梯结构内。

好收技巧 ▶ 楼梯第二个踏阶为开放层架，摆放 DVD 播放器，线路预留在踏阶至不锈钢轴心，解决线材的凌乱问题。

影音线路藏在镜面钢管内。

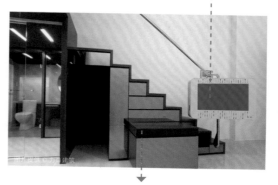

梳妆椅也藏在楼梯下。

藏最好

Case13
不规则的艺术线条美化柜墙

屋主需求 ▶ 放大空间的开阔感。

格局分析 ▶ 仍有收纳需求，若安排过多柜体，容易压缩空间开阔感。

柜体规划 ▶ 造成小空间压迫感的柜墙靠墙安排，刻意以不规则切面美化墙面，淡化收纳感，全白的柜墙饰以点缀性的黑色玻璃做跳色设计，做出视觉变化。

好收技巧 ▶ 影音设备藏在黑色玻璃内，也易于遥控。

不规格切面柜体做出变化。

图片提供 © 界阳＆大司室内设计

063

Case 14
穿透书架亦是具不同风采的电视柜

屋主需求 ▶ 想拥有属于客厅的电视墙，但又不希望让室内环境变得太压迫。

格局分析 ▶ 电视墙旁紧邻的是餐厅，二者皆为半开放式，镂空书架兼具电视墙功能，穿透特色既不破坏内部采光，也大幅缓解了局促感。

柜体规划 ▶ 柜体深度约 30 ～ 35cm，功能配置以电视为中心，下方是收放电视设备的机柜。

好收技巧 ▶ 书架可双面使用，可针对客厅和餐厅的不同用途来做摆放；层架尺寸上也设计为不同的形式，可依收藏品的大小、读物的开本尺寸选放。

图片提供 © 浩室空间设计

▶ 书架可双面使用。

图片提供 © 浩室空间设计

Case 15
集中收纳功能，不占空间

屋主需求 ▶ 在对面积小的空间中，希望能同时具有客厅、书房和祈祷室的多重功能。

格局分析 ▶ 空间仅有 15 坪，将客厅置于空间中心，刻意设计斜墙与餐厨区划分界线。

柜体规划 ▶ 书柜和电视柜选用相同的白色和设计元素，两者连成一体，形成完整的连续立面。转折处也不放过，做满收纳功能。

好收技巧 ▶ 量身订制的书柜善用五金，可随时收起的掀板可当作书桌使用，不占空间，让客厅也能拥有书房的功能。

斜墙设计划分空间。

图片提供 © 摩登雅舍室内设计

利用修饰结构的深度，
创造出丰富的柜格收纳。

图片提供 © 实适空间设计

超开阔

Case 16
如画框般的艺术主墙

屋主需求 ▶ 空间面积较小，希望客厅也能兼具收纳的功能。

格局分析 ▶ 受到大梁、结构柱体的影响，电视墙的长度较短，与沙发背墙的比例过于悬殊，让客厅看起来较为拥挤、局促。

柜体规划 ▶ 运用梁与结构柱的深度，以木材包覆出完整大气的主墙设计，中间留出放置电视、音响的空间，左右两侧则是实用的柜格，尺度特别拉大，放置书本、居家饰品都没问题。

好收技巧 ▶ 最侧边无法收纳的留白柜格，其实正是柱体的位置，中间刻意拉大分割比例，创造出如画框般的效果，日后可直接摆放画作、海报装饰。

视听柜尺寸细节全在这儿

| 提示 1 |

视听柜每层高度约为 20cm

视听设备通常会堆栈摆放，因此视听柜中每层的高度约为 20cm，深度则要记得预留接线空间，通常约 50 ～ 55cm，但不得小于 45cm，承重层板也要能够调整高度，以便配合不同高度尺寸的设备。方便移动机器位置的抽板设计也是方式之一，但要记得若是特殊的音响设备，则需针对承重量再进行评估。

| 提示 2 |

视听柜宽度至少需 60cm

虽然市面上各类影音器材的品牌、样式相当多元化，但器材的面宽和高却不会因此相差太多。视听柜中每层的高度约为 20cm，宽度多为 60cm；深度则因提供器材接头、电线转换空间，也会达到 50 ～ 60cm，在添入一些活动层板后，大多数市售的游戏机、影音播放器等就都可以收纳了。

| 提示 3 |

15 ～ 18cm 规格化抽屉看起来更整齐

一般的抽屉柜体容积较大，收纳 CD、DVD 时常会出现骨牌效应而东倒西歪，其实只要依照一般 15 ～ 18cm 规格化，将抽屉分格，就能排列整齐。

| 提示 4 |

CD 、DVD 层板高度可预留 2 ～ 5cm

收纳 CD、DVD 时，除了一般常见的层架，还可利用电视墙中间的厚度设计收纳高身柜。首先必须计算好 CD、DVD 的高度，再制作可防止 CD、DVD 滑落的挡板层架，层板的高度记得要多预留 2 ～ 5cm，方便拿取，虽然一般的收纳设计会希望具备活动性佳的特点，但此时做固定式的设计才不会导致拉开柜子时发生摇晃。

| 提示 5 |

CD 柜高至少需 18cm、DVD 需 22cm

CD 柜的高度大多为 18 ～ 20cm 左右，DVD 则约 22 ～ 25cm。设计收纳柜之前，最好能大概知道自己的收藏量来做柜体划分，否则只会浪费或导致收纳空间不足。

Chapter

3

区域·

餐厅 & 厨房

开放式厨房通常与餐厅相邻，可利用隔间做双面收纳柜设计，让两个区域都能使用。此外，想要将烤箱、咖啡机、微波炉等小家电隐藏起来，必须事先了解精准的尺寸，利用抽盘、门片的方式达到隐藏与方便使用两种需求，特别像电饭锅和饮水机等体积较大且有蒸气问题的家电，建议做成抽拉盘，降低蒸气对板材的影响。

Part 1　小房子有可能创造出
电器柜和餐柜吗？

Part 2　喜欢收藏红酒、餐具、锅具，
好想要一个实用的展示区

小房子有可能创造出电器柜和餐柜吗?

✚ 格局设计关键

隔墙增设电器柜打造丰富收纳功能

原有厨房空间略微窄小,难以规划电器柜,然而屋主夫妇仍希望维持厨房的独立格局,于是设计师利用餐厅、厨房的隔间创造出整合厨具、储物、电器抽盘等多元功能的电器柜,搭配整体空间风格的主轴,以白色为主,呈现舒适、柔和之感。

图片提供 © 日作空间设计
Before

图片提供 © 日作空间设计
After

入口

系统柜体侧面收边选用与厨房拉门一致的白色元素,让空间线条有延伸效果。

+ 尺寸设计关键

开放储物、镂空吧台，延展空间感

餐厨电器柜仅占据隔间墙约 2/3 的部分，电器柜宽度约 120cm，吊柜以下包含厨具、内嵌式电器收纳，抽盘部分可同时放置水波炉与小烤箱，让烹饪更有效率。而左侧则利用约 90cm 高的吧台与餐厅作串联，提供多元的用餐需求，上方吊柜甚至结合开放式储物柜，可收纳屋主收藏的马克杯或是居家饰品。

图片提供 © 日作空间设计

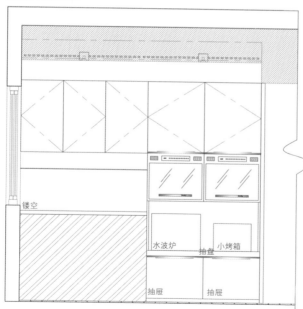

吧台吊柜局部采用开放式储物，化解柜体的压迫感，也可展示马克杯收藏。

120cm 宽的电器柜可同时收纳四种电器用品，上端吊柜、下方抽屉还有丰富的储物空间。

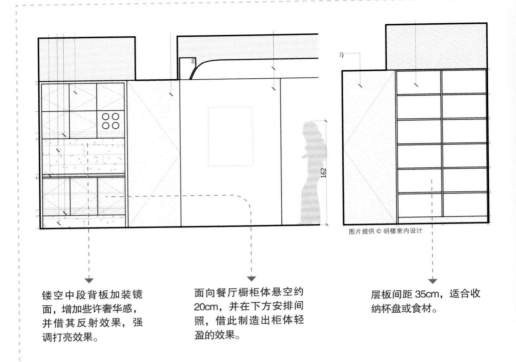

162

图片提供 © 明楼室内设计

镂空中段背板加装镜
面，增加些许奢华感，
并借其反射效果，强
调打亮效果。

面向餐厅橱柜体悬空约
20cm，并在下方安排间
照，借此制造出柜体轻
盈的效果。

层板间距 35cm，适合收
纳杯盘或食材。

✛ 尺寸设计关键

顶天高柜兼具隔墙功能

以一座高约 2.3m，宽约 133cm 的
顶天高柜，完成收纳橱柜与隔墙的需
求，柜体采用双面柜设计，在面向厨
房橱柜层板间距以 35cm 平均分配，
并采用玻璃门片以便烹煮时方便食材
与杯盘的取用和收纳，面向餐厅的柜
面，则是规划为上下柜中段镂空，镂
空约 55 ～ 60cm，适合摆放一些常
用家电。

格局设计

图片提供 © 明楼室内设计

尺寸设计

图片提供 © 明楼室内设计

✛ 格局设计关键

利用柜体化解无用过道空间

厨房与餐厅之间有一个尴尬的过道空间，为拉齐空间线条，同时增加餐厨区收纳空间，在过道空间安排一座兼具隔间功能的双面高柜，面向餐厅柜体中段镂空，方便摆放电器用品，并针对屋主爱喝红酒的习惯，在上柜规划出红酒柜，方便屋主聚餐时取用红酒，厨房面则简单以方便收纳的层板做安排。

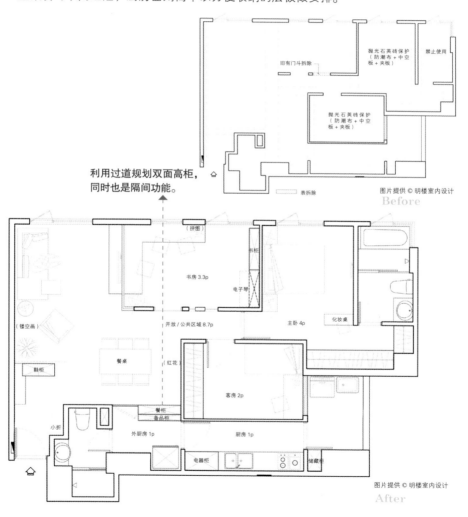

抛光石英砖保护
（防潮布＋中空板＋夹板）

禁止使用

旧有门斗拆除

抛光石英砖保护
（防潮布＋中空板＋夹板）

利用过道规划双面高柜，
同时也是隔间功能。

表拆除

图片提供 © 明楼室内设计

Before

（拼图）

书房 3.3p

电子琴

（镂空画）

开放/公共区域 8.7p

主卧 4p

化妆桌

鞋柜

餐桌

（红花）

客房 2p

小折

餐柜
备品柜

外厨房 1p

厨房 1p

电器柜

储藏柜

图片提供 © 明楼室内设计

After

073

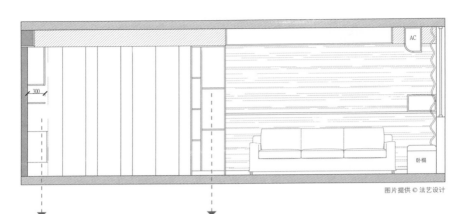

图片提供 © 法艺设计

2.3m 的餐柜拥有四层不同的隔间规划，下方抽屉柜深35cm，上方吊柜和开放层板仅 30cm 深，方便取用。

格子柜有着两种分割形式，分别用来收纳书本和 CD，收纳格内物件从白色墙面跳出，成为公共空间的特色装点。

+ 尺寸设计关键

25cm 深橱柜创造多元收纳功能

客厅和餐厅几乎无缝对接，仅用沙发墙旁约 60cm 宽的空间，设计深度约 25cm 的格子柜，补充客厅的收纳功能。餐柜紧贴着卫浴外墙设计，共分四段式设计，最顶排的吊柜开放部分隔间，下方分割为长条收纳格，中段镂空台面搭配间接照明，促成浪漫的厨房端景，最下层的抽屉设计可放入餐具和餐盘，呈现柜体的多种风貌和多层使用功能。

尺寸设计

格局设计

图片提供 © 法艺设计

＋ 格局设计关键

收纳空间若隐若显不同区域

35 年老屋破旧不堪，格局偏长条状也不方正，空间规划零散，厨房位于房子尾端中央，紧邻两间卧室，动线混乱，使用不便。屋主为即将退休的老夫妻，目前仍和两个儿子同住，将厨卫空间挪至一侧，对侧配置三间房，把客厅和餐厅规划在一起，并在墙上发挥巧思，争取更多显性和隐性的收纳空间。

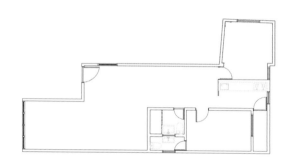

图片提供 © 法艺设计
Before

将客厅和餐厅以开放形式整合，使公共区域更显宽敞，次卧的隔间墙以鞋柜取代，创造玄关区的迷你收纳空间。

图片提供 © 法艺设计
After

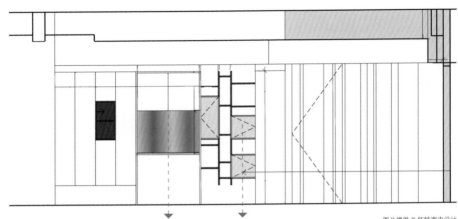

以餐桌高度为基准，对应处配置一个高 75cm 的收纳柜，以上以展示为主，可用来摆放一些餐桌饰品。

柜体深度为 45 分分，在封闭中又加入镂空的形式，让收纳变得有趣。

图片提供 © 怀特室内设计

图片提供 © 怀特室内设计

✚ 尺寸设计关键

活用高低差，让收纳变得更有趣

餐厅收纳柜囊括其他收纳与展示功能，因此在对应餐桌部分，特别配置了一个高 75cm 的收纳柜，中间采取镂空形式，至于其他物品周围则有封闭与展示型收纳柜，除了可以摆放餐具用品外，也能展示个人的收藏品。

图片提供 © 怀特室内设计

＋ 格局设计关键

餐柜旁还藏了一侧展示柜

由于空间面积才 20 坪左右，柜体必须整合才能做有效运用。因此在餐厅区旁规划了一个面宽较大且深度为 45cm 的餐柜，旁边则藏了一侧展示柜，通过白色系降低压迫感，且镂空展示柜也张显了轻盈感。

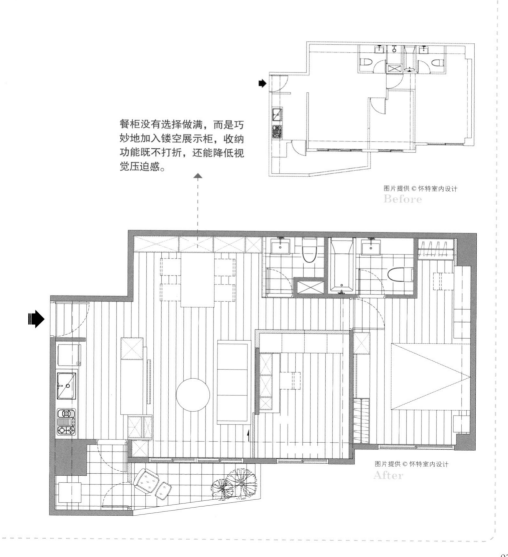

餐柜没有选择做满，而是巧妙地加入镂空展示柜，收纳功能既不打折，还能降低视觉压迫感。

图片提供 © 怀特室内设计

Before

图片提供 © 怀特室内设计

After

电器柜、餐柜设计

高身柜可收纳干货零食。

图片提供 © 明代设计

好实用

Case 01
电器柜与高身柜让小厨房升级

屋主需求 ▶ 喜欢开放格局，又想有电器柜等设备，担心厨房面积小且太杂乱。

格局分析 ▶ 大门与厨房先以屏风柜区隔，避开入门直接看见厨房，而客厅和餐厅则因厨房打开而增加腹地。

柜体规划 ▶ 因空间小，厨房只能做一字型，从窗边冰箱、炉台到工作台面与水槽，搭配下柜与木饰板上柜做收纳，型塑简约视觉效果。

好收技巧 ▶ 水槽右方规划电器柜，增加功能性。至于厨房杂物收纳，则在电器柜旁设计高身柜满足屋主需求。

好便利

Case 02
巧妙延伸收纳并串联空间

屋主需求 ▶ 餐厨空间太小，需扩增餐厨区域的收纳与用餐空间。

格局分析 ▶ 需与另一空间重叠使用，解决餐厨空间不足的问题。

柜体规划 ▶ 将电器柜延伸至开放式书房，针对书房收纳功能，利用墙面落差约22cm造成的畸零地，以层架打造一个可收纳大量图书的开放式书架。

好收技巧 ▶ 电器柜中段不安装门片，方便摆放经常使用的微波炉等电器用品。

图片提供 © 明楼室内设计

借书房空间创造电器柜。

省空间

Case 03
楼梯、电器柜巧妙整合

屋主需求 ▶ 有下厨的习惯，还是需要有完整的电器收纳。

格局分析 ▶ 挑高3.6m的9坪小住家，2房2厅的功能不可少，还要容纳通往上层空间的楼梯。

柜体规划 ▶ 巧妙将楼梯藏在厨房当中，楼梯平时可收拢于右侧壁柜，释放出约一个人能够回旋、弯腰的活动空间。

好收技巧 ▶ 楼梯高156cm、宽75cm，可完美收拢于壁柜当中，壁柜内可放置四台家电，以及数个大小不同的抽屉柜收纳瓶瓶罐罐。

图片提供 ©FUGE 馥阁设计

巧妙运用其台阶厚度收纳电器。

省空间

Case 04
虚实设计玩出造型柜体

屋主需求 ▶ 期盼拥有足够的柜体，满足收纳需求。

格局分析 ▶ 客厅和餐厅采用开放式设计。

柜体规划 ▶ 造型柜体在客厅区既有机柜与卧榻功能，来到餐厅区域则又延伸出兼具餐柜与书柜的双重作用。

好收技巧 ▶ 兼具多重功能的造型柜，为了能承载不同的收纳物品，将深度设定为45cm，无论摆放电视设备还是一般的书籍、相框都没问题。

图片提供 © 睿丰空间规划设计

开放与封闭形式，兼顾收纳与美型。

门片式柜体收得干净利落。

图片提供 © 相即设计

超隐形

Case 05
结合同色系家电隐形橱柜

屋主需求 ▶ 变大公共区域，整合厨房收纳。

格局分析 ▶ 将原先的封闭式厨房调整成开放式厨房，以白色中岛与漂浮餐桌创造块体切割，让视觉自然不复杂。

柜体规划 ▶ 地面以黑色延伸至餐厅巨大的背柜，黑色的餐厨柜延伸至天花板，选用同色系的厨房家电，整合空间。

好收技巧 ▶ 以大面积黑色有门片柜体，将厨房零碎的杯盘餐具等收得干净利落，让收纳品真正藏起来。

超隐形

Case 06
吧台内偷藏厨房电器柜

屋主需求 ▶ 希望在靠近厨房的地带有一座吧台，可以喝下午茶（咖啡）或小酌怡情。

格局分析 ▶ 厨房空间有限，便将电器柜与吧台的功能结合，一侧放椅子，一侧做收纳。

柜体规划 ▶ 维持吧台 120cm 的高度，内部考虑到屋主使用的电器设备，深度约 50～55cm，高度留 46～50cm 即可。

好收技巧 ▶ 电器柜面向厨房，上层规划开放式抽屉板方便拉取；下侧则规划封闭式抽屉和厨柜，放置各类厨房用具。

图片提供 © 法艺设计

抽板设计轻松使用电器。

图片提供 © 浩室空间设计

好整齐

Case 07
顶天电器柜让设备收得整齐又漂亮

屋主需求 ▶ 开放吧台区希望有专区摆放相关电器用品，使用上更为方便。

格局分析 ▶ 吧台旁即为厨房，将电器柜配置在吧台区，使用时不用特别绕进厨房，也能整合吧台区所需之收纳，使用便利，亦可有效运用空间。

柜体规划 ▶ 电器柜体左边尺寸较宽，约 60cm，依次收放了微波炉、烤箱等；右边尺寸较窄，约 30cm，适合收放瘦长型的咖啡机、热水器等。

好收技巧 ▶ 电器柜中有加入抽板式五金，轻轻一拉便能把放置在里面的电器送出来，使用相当便利。

玻璃展示架创造轻盈感。

图片提供 © 奇逸设计

Case 08
轻透材质淡化木质柜体沉重感

屋主需求 ▶ 满足餐厅收纳碗、盘、刀叉的需求。

格局分析 ▶ 虽是开放式设计，但明确界定出餐厅空间，安排过多柜体可能会产生沉重、压迫感。

柜体规划 ▶ 木质柜三分之一，选择与无框玻璃层架结合，借由材质的转变营造木质柜的视觉变化与轻盈感。

好收技巧 ▶ 玻璃展示架除了营造轻盈感，也方便屋主随时摆放珍贵的展示品。

镂空处可收纳展示品。

图片提供 © 相即设计

多功能

Case 09
视觉分割，让巨大柜体不再单调

屋主需求 ▶ 希望将公共空间主视觉落在餐厅区域，收纳也能集中于同一个点。

格局分析 ▶ 通过修饰让整体公共空间看起来更宽敞。

柜体规划 ▶ 面宽 4.2m，以深度 45cm 做大面积柜体，在 90cm 处做凹洞，并将底墙设计成黑色，让餐桌后方的景深往里拉，同时也多出一个工作台面。

好收技巧 ▶ 凹洞处除了是工作台面，让屋主能放置餐盘或处理简单轻食外，下方也配置抽屉，右上方的白色凹洞则为音响置放区，为屋主提供放置收藏品的空间。

多功能

Case 10
餐柜整合料理台

屋主需求 ▶ 平日是餐厅，在特定时间也能成为一个小小演奏厅。

格局分析 ▶ 长型的餐厅区域为主要社交空间，以包厢为概念进行设计。

柜体规划 ▶ 柜体以立体悬浮式的贴法，让视觉变得有层次。而底墙一样进行切割，为屋主提供开放式与隐藏式的收纳空间。

好收技巧 ▶ 有小餐柜、红酒柜与简易的料理台面。有趣的是，门片往上推，一架钢琴即呈现眼前，立刻从餐厅变身成迷你演奏厅。

图片提供 © 相即设计

↓

整合餐柜、红酒柜设计。

除了收纳家电还能收外出服。

↑

图片提供 © 演拓空间室内设计

好整齐

Case 11
顺应动线，收拢家事、储物功能

屋主需求 ▶ 希望能有充足的餐厨收纳。

格局分析 ▶ 厨房收纳空间有限的情况下，顺着家事动线将柜体顺势设于厨房入口处，方便进出使用电器。

柜体规划 ▶ 沿着餐厨通道设置柜体，将餐水柜和厨具小家电的收纳空间整合在一起。通过三扇拉门巧妙遮掩，形成完整立面。

好收技巧 ▶ 靠近右侧厨房通道设定为家电收纳区，减少家事动线的行走距离。而为了让家电有散热的空间，深度最好设计为45cm左右。同时设计收纳外出服和公文包的空间，储物功能更为强大。

Case 12
善用墙面，收纳功能大大提升

屋主需求 ▶ 常做料理的关系，有许多干粮杂货需要储备。

格局分析 ▶ 玄关和餐厅之间做出一道假墙，围塑完整玄关和餐厅空间。

柜体规划 ▶ 玄关和餐厅隔间不只是单纯假墙，整体的 L 型墙面皆纳入收纳设计。柜体融入对称的古典元素，风格与功能兼具。

好收技巧 ▶ 两侧线板作为柜体的隐藏门片，内部柜体做到置顶，扩增收纳，便于储备大量厨房和食品杂货。

图片提供 © 摩登雅舍室内设计

整合餐柜、红酒柜设计。

图片提供 © 摩登雅舍室内设计

超能收

Case 13
置顶柜体，满足空间收纳功能

屋主需求 ▶ 原有厨房的空间较小，且收纳不足，希望能扩增收纳量。

格局分析 ▶ 厨房隔间略为外扩，加宽空间宽度，并沿两侧采用双一字型的柜体规划。

柜体规划 ▶ 厨柜全部设计置顶，丝毫不浪费空间，使收纳量大大提升。并规划出收纳马克杯的开放层架，屋主的收藏得以展现出来。

好收技巧 ▶ 由于有收纳酱料罐的需求，特意额外设置旋转五金，一目了然的设计，好收好拿，让烹煮过程更为顺手。

图片提供 © 摩登雅舍室内设计

旋转五金更好拿。

图片提供 © 摩登雅舍室内设计

喜欢收藏红酒、餐具、锅具，
好想要一个实用的展示区

✛ 格局设计关键

几何多边格柜构筑立面风景

因为餐厅呈长方形格局，为调整空间感，选择以长桌搭配中岛吧台的配置；整个餐厅最引人注目的莫过于桌后主墙式餐柜，设计师巧妙结合壁龛般的展示柜，通过大小不一的几何多边格设计凸显其装饰与展示功能，构成美感及功能兼具的立面风景。

图片提供 © 明代设计

Before

图片提供 © 明代设计

After

为避免紧邻玄关的餐厅格局过于狭长，利用中岛与长桌的家具配置进行微调，并以衔接厨房的中岛增加轻食料理的工作台。

✚ 尺寸设计关键

480cm 宽餐柜兼具美观与收纳功能

充满现代艺术美感的主墙餐柜，以宽 480cm、深 60cm 的量体呈现，但因立面增加了大小壁龛般的几何展示洞，使其柜面样式变得丰富有趣，加上灯光与胡桃木衬底的精致工艺设计，让柜体转化为吸睛的美丽主墙，也成为客厅与书房的最佳端景。

图片提供 © 明代设计

餐柜可收藏红酒、杯具、饰品等，由于采用紧贴天地的设计，让柜体转化为墙面，不显压力感。

餐柜接近大门区的转角柜以多边造形做立体截断的展示洞设计，使宾客在进入玄关时第一眼就聚焦此处。

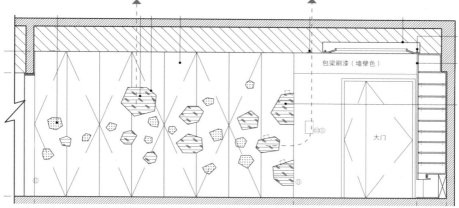

图片提供 © 明代设计

展示厨柜设计

吊柜结合照明设计。

图片提供 © 福研设计

超美观

Case 01
放着收，展现吊柜高智慧

屋主需求 ▶ 女主人不喜欢在密闭的空间里煮饭做菜，偏好开放式的中岛厨房设计。

格局分析 ▶ 调动厨房至窗户旁边，为留管线走道而在窗沿与中岛间创造架高区域作为休憩区，下方则为收纳抽屉。

柜体规划 ▶ 在有限的空间里设置一字型厨具与厨柜，对侧规划中岛吧台，上方订制结合照明的双层开放式吊柜。

好收技巧 ▶长达 2.4m 的吊柜展示女屋主拥有的好锅，也方便其需要的时候直接取用；还可穿插摆放盆栽或时钟等居家饰品。

图片提供 © 森境 & 王俊宏室内装修

Case 02
具有设计魂的实用中岛厨房

屋主需求 ▶ 喜欢下厨、在家宴客的屋主，除了对美食有高要求，对于工艺设计的品味也相当讲究。

格局分析 ▶ 与客厅并排设计的餐厅与中岛厨房，让视野与采光更开放，也使得立体的中岛吧台成为注目焦点。

柜体规划 ▶ 因重视厨房细节，因此，对中岛厨房的台面、吊橱与收纳柜等的设计尺寸都相当注意，搭配进口厨具，量身定制专属厨房。

好收技巧 ▶ 中岛上方设有开放吊柜，可将精致锅具与厨房瓶罐摆设在台面与层板上，整体画面既优雅又充满质感。

图片提供 © 森境 & 王俊宏室内装修

吊柜悬挂锅具更顺手好拿。

Case 03
改变格局
创造私家咖啡书店

屋主需求 ▶ 两大一小的小家庭，希望可依据自家生活的使用习惯与频率，规划专属的生活格局。

格局分析 ▶ 打破传统以客厅为主的格局思考，将兼具用餐、阅读的大桌视为公共区域的中心点。

柜体规划 ▶ 让餐桌放大尺寸且赋予其阅读区的功能，接着结合喝咖啡的休闲中岛与开放书架设计，实现咖啡书店的人文生活场景。

好收技巧 ▶ 临窗开放层板书架兼具书籍收纳与创造风格的装饰效果，且在左侧设计高身门柜来增加杂物收纳区。

门片柜体用来收杂物。

图片提供 © 明代设计

Case 04
展示灯柜
打造透明感餐厨空间

屋主需求 ▶ 希望改善餐厨区低矮、阴暗的空间感，让家人互动更亲近无距离。

格局分析 ▶ 客厅和餐厅中间遇有低梁且厨房无对外采光，故选择以开放合并规划，搭配与客厅的穿视设计来改善封闭感。

柜体规划 ▶ 低梁下方做电视与餐厅的双面柜，利用铁件层架做横向串联，设计出双区视线与光线可穿透的展示收纳柜。

好收技巧 ▶ 侧墙以雾面玻璃打造美物展示柜，搭配背光设计为餐厨区增加光源，而厨房上方也采用流明天花板提升亮度。

柜体使用雾面玻璃保有光线穿透。

图片提供 © 森境 & 王俊宏室内装修

Case 05
满载女主人才华的多用餐柜

屋主需求 ▶ 擅长撕画艺术的女主人，希望在不占用空间的情况下，也能有工作区与作品展示区。

格局分析 ▶ 客厅和餐厅采用开放式设计以便关注孩子的动态，并将大梁转为天花造型界定餐区。

柜体规划 ▶ 平日女主人可以在餐厅区将大桌面作为撕画创作的工作区，而一旁的白色展示柜则可用来展示作品。

好收技巧 ▶ 由于餐厅左侧有梁柱，因此以切齐柱宽的方式设计出内嵌的乡村风餐柜，展现优雅气息。

畸零结构柱内嵌柜体好利落。

图片提供 © 耀昀设计

透明玻璃降低色彩与材质的干扰。

Case 06
无痕工法提升玻璃柜质感

屋主需求 ▶ 从世界各地收集不少马型塑像，希望能打造专属的展示空间。

格局分析 ▶ 将餐厨用具配置在厨房，餐厅的墙用来展示屋主收藏。

柜体规划 ▶ 选用无痕的特殊工法来黏合由透明玻璃构成的展示格。

好收技巧 ▶ 开放式格架由长宽比为 1:1 或 1:2 的展示格所组成，屋主可在每个格子里随意放置不同尺寸或不同组合的小雕像。

图片提供 © 奇逸设计

深色柜体搭配不锈钢打造工业感。

图片提供 © 澄橙设计

好拿取

Case 07
过道整合展示也符合使用动线

屋主需求 ▶ 喜爱收藏红酒、品尝咖啡，希望能有展示与冲泡制作的空间。

格局分析 ▶ 大门进来旁侧即为餐厅空间，需保留过道进入厨房，又需要充分收纳屋主收藏。

柜体规划 ▶ 从客厅和餐厅的相对关系整合收纳柜，将屋主的收藏依照使用动线排序，并运用金属色把手与不锈钢台面与深色柜体凸显工业风氛围。

好收技巧 ▶ 整面墙的整合收纳不仅只对照一个空间，而是需要依照生活动线设计收纳位置。

好弹性

Case 08
一扇门片解决三空间需求

大门片可弹性隐藏酒柜。

图片提供 © 森境 & 王俊宏室内装修

屋主需求 ▶ 有品酒嗜好的屋主要有西式吧台，但厨艺精湛的妈妈前来时又有中式厨房与油烟遮蔽的需求。

格局分析 ▶ 以吧台为中心，左为娱乐室，右为厨房，必须将三个空间串联并满足功能与美感。

柜体规划 ▶ 利用一扇大门片做左右横移，下厨时可用门片关上右侧厨房，要使用娱乐室时则可将门片移至左侧，成为独立空间。

好收技巧 ▶ 中间吧台区巧妙地利用柜体厚度做成酒柜，加上金属工艺的精致设计，满足屋主品酒需求，还可用门片关上酒柜。

省空间　**Case 09**
悬吊式柜体专收马克杯

屋主需求 ▶ 收藏有许多马克杯，不想收在抽屉里，而想要漂亮地呈现出来。

格局分析 ▶ 吧台兼餐厅区和厨房整合在一起，无过多空间再设置展示柜。

柜体规划 ▶ 吧台区上面仍有空间，利用悬吊方式做出 L 造型吊柜。

好收技巧 ▶ L 造型吊柜采双边收纳设计，灯光带两侧都能摆放马克杯。

铁件材质，结构更稳固。

图片提供 © 瓦悦设计

订制实木厨柜
呼应乡村风格。

图片提供 © 陶玺设计

超美观　**Case 10**
乡村风厨柜秀出收藏

屋主需求 ▶ 收藏有许多马克杯。

格局分析 ▶ 开放式厨房需与空间风格吻合。

柜体规划 ▶ 订制实木厨柜，搭配抽拉、开放层板，也具备展示效果。

好收技巧 ▶ 马克杯收藏规划在最外侧的 60cm 开放层板上方，拿取更方便。

Case 11
酒柜融合屏风与收纳

屋主需求 ▶ 有收藏酒类的习惯，希望能有秩序收纳，不凌乱。

格局分析 ▶ 餐厅区紧邻玄关，柜体须整合屏风共同设计，尽量不影响动线。

柜体规划 ▶ 酒柜与一旁的餐柜结合，让空间更有聚焦的效果。

好收技巧 ▶ 镂空收纳格，红酒可直接抽取，日后清洁整理也很方便。

3 ～ 4cm 凹槽设计，轻松卡住酒瓶。

图片提供 © 瓦悦设计

图片提供 © 福研设计

从第二梯阶设计红酒柜，才不用弯腰拿取。

Case 12
楼梯合并红酒柜，强化小屋功能

屋主需求 ▶ 希望能拥有完整的住家功能，平常也有小酌的习惯。

格局分析 ▶ 面积有限的夹层屋。

柜体规划 ▶ 将柜子当成楼梯的一部分，可满足各式收纳需求，也利用量体区隔厨房与客厅。

好收技巧 ▶ 梯阶下方是开放红酒柜，下方抽屉还能收其他用品。

超时尚

Case 13
精选材质呼应空间风格

屋主需求 ▶ 年轻的屋主希望打造略带冷调的时尚厨房。

格局分析 ▶ 开放式格局，若安排太多柜体，则会失去原来的宽阔感。

柜体规划 ▶ 开放式厨房，收纳柜也需呼应空间主要风格，上柜利用黑色烤漆玻璃门片，营造冷调现代感，并安排间照，满足实用的照明功能，也可突显材质的时尚感。

好收技巧 ▶ 采用密闭和开放式设计，可让屋主展示美丽的器皿，同时也能将不好看的杂物收起来。

图片提供 © 界阳 & 大司室内设计

烤漆玻璃材质营造时尚感。

42cm 深，行李箱也能收。

图片提供 © 法艺设计

多用途

Case 14
加长型柜体从早到晚都适用

屋主需求 ▶ 女屋主有许多马克杯收藏品，男屋主希望早餐时会用到的烤箱等就在餐桌附近。

格局分析 ▶ 公共空间为较长的长方形，客厅和餐厅紧临，通过一长型柜体的分区设计，完善各别区域所需的功能。

柜体规划 ▶ 餐柜的中段镂空贴覆木皮材质，为白色长柜注入温暖，台面放置面包机、果酱等，不必特地前往厨房就能吃早餐或享用轻食。

好收技巧 ▶ 为避免加长型柜体体积过于庞大而使空间拥挤，将深度控制在连行李箱都能轻松收纳的 42cm，大小杂物都能安心放入其中。

Case 15
是柜又是墙的公仔乐园

屋主需求 ▶ 希望有一个非封闭式的书房，不仅可以阅读，还可以摆放一系列的公仔模型。

格局分析 ▶ 因房型较长、采光不佳，设计大型柜体易成为光线流通的阻碍，因而把公仔收纳柜与阅读空间结合。

柜体规划 ▶ 大面积使用玻璃打造出的半透明书屋，较长的侧面墙按照屋主的公仔尺寸大小，规划成专属的收藏展示柜，可从内部取放公仔。

好收技巧 ▶ 兼具隔间墙功能的展示收纳柜，不仅使书屋采光良好，对外也正对公共区域，成为公仔们最亮眼的表演舞台。

玻璃展示柜也是隔间。

LED 提供照明功能。

Case 16
小巧轻盈的展示区

屋主需求 ▶ 开放餐厨空间，增加可展示的区域。

格局分析 ▶ 开放式格局，量体过于沉重，容易影响开放空间的开阔感。

柜体规划 ▶ 吧台上采用钛金属打造一个高45cm、宽 150cm 的吊柜，材质轻薄且为开放式设计，看起来轻巧，也相当具有时尚感。

好收技巧 ▶ 面向厨房面的口字型安排 LED灯，与金属材质交相辉映，让展示品更聚焦，当然也具有实际的照明功能。

超美观

Case 17
不只收纳
更是工艺的呈现

屋主需求 ▶ 规划出一个可以展示收藏品的展示收纳区。

格局分析 ▶ 开放空间设计，不适合有太多干扰视觉的大型物品。

柜体规划 ▶ 为了将视线专注在收藏品的展示，选择清透的玻璃材质，打造一个大型收纳柜，层板采用即使轻薄也具承重力的金属材料，两种材质混搭，让体积庞大的收纳柜也感觉相当轻盈。

好收技巧 ▶ 柜体梁下位置加装镜面横拉门，可让屋主收起咖啡机等不适合展示的物品。

金属层板更显轻盈。

图片提供 © 奇逸设计

图片提供 © 陶玺空间设计

玻璃门片更好搜寻。

超美观

Case 18
不同展示收纳
满足置物需求

屋主需求 ▶ 有煮咖啡、品酒的嗜好，相关设备、食器、饮品等，都能有自身的陈列方式。

格局分析 ▶ 餐厅与厨房之间刚好有一道粗横梁，梁的存在总让视觉感到压迫。

柜体规划 ▶ 利用梁下的空间制成一道展示柜，摆放屋主调酒相关物品；另一侧则以层板、水管制成收纳层架，摆放杯碗、餐盘等食器。

好收技巧 ▶ 门片以透明玻璃为主，拿取前即可先以视觉搜寻，提升使用上的方便性；层架则未配置过高，提升了拿取时的舒适度。

097

前缘提高至 4cm，收得更安全。

图片提供 © 陶玺空间设计

超整齐

Case 19
专属于城市马克杯
藏家的展示柜

屋主需求 ▶ 有收藏星巴克城市马克杯的喜好，希望能展示于家中。

格局分析 ▶ 餐厅是家人主要活动的空间，便将展示墙配置于餐厅旁，能时时欣赏。

柜体规划 ▶ 展示柜依城市马克杯规划出深约 13～14cm、高约 14～15cm 的层架，一层约可放 9 个马克杯。

好收技巧 ▶ 层架最前缘的厚度特意提高至 4cm，提高突出部分类似挡板的功能，让收纳摆放能更稳固、更安全。

图片提供 © 陶玺空间设计

超精致

Case 20
善用灯光排列打造精致

屋主需求 ▶ 一系列陶瓷收藏品，期望依照不同属性藏品做出特别的展示柜。

格局分析 ▶ 包厢概念打造餐厅空间，同时也能让三五好友在聚餐的同时，把玩观赏屋主收藏。

柜体规划 ▶ 用灯光从上方、下方、左方或右方等角度投射出每一个展示区域的不同色泽，让屋主依照不同形状的收藏品摆放，成就精致多变的展示柜。

好收技巧 ▶ 除了展示柜体外，其实一旁的拉门里隐藏了一台电视，使空间的功能性变强。

图片提供 © 相即设计

↓

不同角度灯光投射展现不同色泽。

展示柜旁隐藏储藏室。

↑

图片提供 © 相即设计

超有型

Case 21
转弯过道衍生展示端景

屋主需求 ▶ 重视客厅和餐厅空间，是客人最常聚集的区域。

格局分析 ▶ 一进门就是餐厅，因此在视觉上要避免让人一进门就产生杂乱感，收纳动线就要精确且完全隐藏。

柜体规划 ▶ 善用进门左侧的空间，区隔出一个箱子概念，左方门片内为一间储藏室，往左侧继续走动，转角处有开放式的展示柜，供屋主放置进出门的钥匙。

好收技巧 ▶ 除了展示柜与储藏室外，位于料理台面右侧的门内藏着一间卫生间供宾客使用，将三重功能通通"收"得干净利落。

超美观

Case 22
善用中岛旁的墙面，让美丽的杯子排排站

屋主需求 ▶ 旅行带回来的每一个杯子都能完整地被展示。

格局分析 ▶ 全开放式的厨房与餐厅，其实右方连接着客厅。大胆地使用红色厨具显现屋主的优雅与甜美。

柜体规划 ▶ 设计白色的小中岛延伸到一旁，刚好能放马克杯，让每一个杯子都能完整被展示出来，且屋主使用起来也非常方便。

好收技巧 ▶ 预先了解马克杯的高度尺寸规划层架，避免放不进去的情况。

狭长设计收纳马克杯更方便。

原木色调柜体展现明亮感。

省空间

Case 23
善用廊道两边，让锅具、红酒通通站好位

屋主需求 ▶ 完善收纳餐厨用品，并具备酒柜功能。

格局分析 ▶ 此案例空间不大，但却希望"五脏俱全"，尤以收纳上，设计师运用廊道两边设计出系统柜体，让收纳变得简单自然、不刻意。

柜体规划 ▶ 廊道左侧为红酒柜体与餐具柜，右侧则为书柜、展示柜，仅用一种原木色调，配合地面石材，展现空间的明亮感。

好收技巧 ▶ 开放式柜体，让屋主收纳一目了然，也不需要翻箱倒柜。

超美观

Case 24
中岛吊柜完美展示锅具

屋主需求 ▶ 喜欢下厨与购买多种色彩锅具的屋主，希望能有个共享的餐厨空间。

格局分析 ▶ 开放式厨房设计，后方为深色木质厨房电器柜，配合餐桌的色调，让整体视觉更显收敛干净。

柜体规划 ▶ 利用中岛上方以铁件设计出开放式的吊柜，让女主人能将自己喜欢的锅具展示出来。

好收技巧 ▶ 吊柜高度专为屋主身高设定，让屋主拿取方便，抬起头时就能欣赏自己的漂亮收藏。

吊柜高度依照
屋主身高设定。

图片提供 © 白金里居空间设计

好拿取

Case 25
餐厨收纳合并

斜放设计可清楚
辨识酒标。

图片提供 © 摩登雅舍室内设计

屋主需求 ▶ 平时有品酒的习惯，希望能纳入酒类的收纳和展示区。

格局分析 ▶ 拆除隔间，餐厅与厨房合并，形成完整的方正空间，中央设置中岛，成为用餐品酒的空间重心。

柜体规划 ▶ 空间四面皆做满柜体，并通过家电配置隐隐划分餐厨收纳。厨具采用 L 型规划并置于靠窗处，便于通风，靠近中岛一侧则规划酒类展示区。

好收技巧 ▶ 酒柜层架采用斜放设计，让人更方便辨识酒标，拿取更顺手。中岛下方则另做收纳空间，约 50cm 的深度，方便放置干粮等物品。

Case 26
多材质打造中西融合展示柜

窗花元素融入中式元素。

图片提供 © 白金里居空间设计

屋主需求 ▶ 中西混搭的风格，大量的展示柜体。

格局分析 ▶ 在公私区域的交界处，使用蓝绿色墙面来区隔氛围，端景的白色与地面的白色创造出空间深邃之感。

柜体规划 ▶ 运用多种材质混搭出多种有趣的柜体，满足屋主各式各样中西方的小物收纳展示需求。

好收技巧 ▶ 右边用订制美耐板，带着丝木纹的金属边框柜体，让杯盘展示如精品。左边的黑色柜体以窗花的形状设计，提供更活泼的收纳方式。

Case 27
镜面与灯光映衬，
酒柜成为视觉焦点

屋主需求 ▶ 有品酒嗜好的屋主经常会邀请亲友聚会，希望能有吧台和酒柜作为聚会和展示酒品收藏的空间。

格局分析 ▶ 餐厅和吧台沿墙设置，留出空间以容纳更多客人。镜面后方则暗藏储藏室，扩增收纳空间。

柜体规划 ▶ 采用开放层板，罗列收藏酒品，并加上镜面作为背板，与镜墙相呼应，同时巧妙运用蓝色光源，展现派对空间的独特氛围。

好收技巧 ▶ 酒柜层板间距多在 30～35cm，方便摆放多种酒品，开放式的设计方便拿取，也可作为展示之用，同时下方则以门片柜隐藏杂乱。

层板间距 30～35cm，可摆放多种酒品。

图片提供 © 演拓空间室内设计

超整齐 **Case 28**
工业风厨柜秀出自己的收藏

屋主需求 ▶ 有许多杯盘收藏,希望能在居家空间中展示出来。

格局分析 ▶ 将展示型柜体一并融入餐柜设计中,与开放空间、工业风格相吻合。

柜体规划 ▶ 餐柜上下深度约为 40 ～ 45cm,上为展示型收纳,中间镂空则可放一些电器物品,至于下方则为开门形式的收纳设计。

好收技巧 ▶ 上方展示型收纳仍加有以透明玻璃为主的门片,清楚地展示收藏品,还能提升拿取时的方便性,更重要的是不用担心灰尘。

玻璃门片好拿取也没有灰尘。

图片提供 © 浩室空间设计

双面柜设计更省空间。

图片提供 © 摩舍设计室内设计

多功能 **Case 29**
双面柜体兼具收纳和隔间功能

屋主需求 ▶ 有大量储物需求,喜爱旅游的屋主希望能展示出来许多纪念品。

格局分析 ▶ 拆除隔间,以双面柜区隔廊道和卧房,兼具收纳和划分空间的功能。

柜体规划 ▶ 在视线焦点处采用开放式设计,让人能一眼望尽展示品,成为美丽的廊道景象。

好收技巧 ▶ 由于为双面皆可用的柜体,一面面向卧室作为衣柜,另一面则面向廊道作为展示之用,展示柜深度约为 40cm。下方门片柜则可收纳备品,有效遮掩凌乱景象,维持干净立面。

Column

餐柜 & 电器柜尺寸细节全在这儿

|提示 1|

设计低于 90 cm 的平台放置

　　若没有专用的电器放置区，微波炉或小烤箱一般都习惯放在厨房或餐厅的台面上，热菜、烤吐司都较为顺手，然而这类纯粹功能性的物品若收纳不当，常会使空间看起来拥挤而杂乱，建议可将高度降低到台面以下，也就是低于 90 cm，减少视觉上的存在感，或是加装上掀的柜门，不使用时隐藏起来即可。

|提示 2|

红酒瓶深度约 60cm

　　若是红酒类的酒瓶，多为平放收藏，需要注意的是深度不可做得太浅，瓶身才能稳固放置，以免地震时容易摇晃掉落。一般来说，深度约做 60cm，若想卡住瓶口处不掉落，宽度和高度约 10cm × 10cm 以内即可。若收藏的酒类范围众多，瓶身大小不一，则适合做展示陈列。

|提示 3|

电器柜深度、宽度约 60cm，高度 48cm

　　微波炉、烤箱等家电，不仅外型较

为方正，尺寸差别也不大，只要注意好散热问题，将深度和宽度设计在 60cm 上下，并给予约 48cm 以上的高度就可以了。

|提示 4|

8 ～ 15cm 抽屉适合收纳刀叉

　　体积比较小的刀叉和汤匙，建议可规划在餐柜或是厨柜下柜的第一层和第二层，利用高度大约 8 ～ 15cm 的抽屉，搭配简易收纳格分类收纳，就能快速且清楚地找到想要的东西。

|提示 5|

根据使用者身高配置电器柜高度

　　以 165cm 的使用者来说，眼睛平视电器显示面板的高度约为 155cm，扣除咖啡机或蒸炉的机身高度（通常为 46cm 高），顺势而下设置烤箱，是较合适的配置方式。若烤箱摆放于底柜而非高柜，在人体工学可接受的范围内，烤箱下缘距离地面最近可到 30cm 左右。

图片提供 © 实适空间设计

书房

书柜设计以开放和隐蔽兼具最佳，但需留意比例上的分配，才不会让书柜显得杂乱又笨重。有门片的隐蔽书柜，以实用为优先考虑，搭配可调整高低的层板，以应付各种规格的书籍，甚至放个两排、三排都可以。也要了解书籍种类、比例与尺寸，将同一柜体规划出不同高低差的收纳规格，以最有效率、最省空间的方式加以收藏，达到适度遮蔽与统一视觉的效果。

Part 1 就是想要一间书房以整齐收纳
计算机和大量书籍

Part 2 喜欢空间宽敞、能和家人互动的
开放式书房，但又怕最终变得好乱

Part 1

就是想要一间书房以整齐收纳
计算机和大量书籍

+ 格局设计关键

局部玻璃隔间营造通透视野

为了让客厅和餐厅格局更通透、无隔阂，将客厅后方书房的两面墙拆切，改以半通透的玻璃隔间，让公共厅区的采光与视野互通无阻。而桌椅选择轻巧低背款，同时墙式书柜也以曲折线条剖切柜门，展现高挑、利落的穿透感。

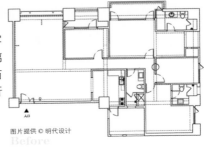

图片提供 © 明代设计
Before

图片提供 © 明代设计
After

将接邻客厅与餐厅的墙面局部采用玻璃隔间设计，让采光与视野都能更显通透无碍。

＋ 尺寸设计关键

宽 272cm 的高柜足以容纳各种书籍

宽 272cm、高 268cm 的书墙容量相当大，搭配 50cm 的柜深设计足以收纳各种尺寸的书籍；在立面设计上，先将柜内贴以染黑木皮衬出底色，门片则以浅色木皮搭配曲折线条设计出镂空穿透造型，让墙面更具造型感，视觉也更显深邃。

图片提供 © 明代设计

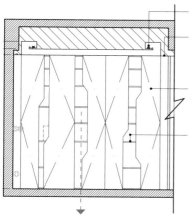

利用门片设计让书柜变身造型主墙，同时镂空的玻璃图案让视线可延伸，也可减缓高柜压迫感。

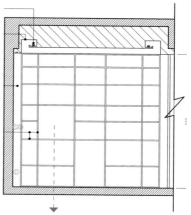

大尺寸书墙的深度约 50cm，除了可以收纳各种书籍物品外，同时柜深也可消弭结构梁的量体，避免畸零感。

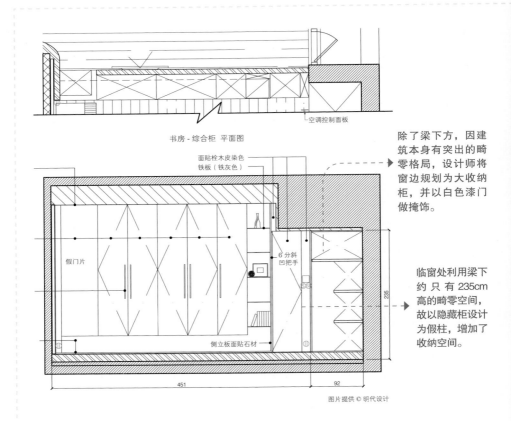

书房 - 综合柜 平面图

空调控制面板

面贴栓木皮染色
铁板（铁灰色）

假门片

6分斜凹把手

侧立板面贴石材

451　92

235

图片提供 © 明代设计

除了梁下方，因建筑本身有突出的畸零格局，设计师将窗边规划为大收纳柜，并以白色漆门做掩饰。

临窗处利用梁下约只有235cm高的畸零空间，故以隐藏柜设计为假柱，增加了收纳空间。

美形墙柜将畸零空间完全利用

书桌后方的木墙柜同时也是取代主卧室与书房的隔间墙，规划上除了右侧有一座开放层板柜与五座木门柜外，最左侧则作为主卧室电视墙的视听柜，开口在主卧室，书房面则以假门片装饰，如此设计也方便书房内摆设钢琴的规划。

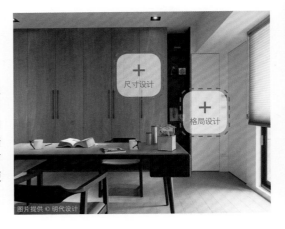

+ 尺寸设计

+ 格局设计

图片提供 © 明代设计

+ 格局设计关键

通透格局赋予木书房清丽质感

客厅后方的房间兼具书房与客房双功能，为了让格局更具流动感，特意将紧邻客厅的墙面切割出一扇出口，形成环状动线，也让视野与采光更具通透感。而另一侧与主卧室相邻的墙面则规划为密闭书柜与开放层板柜，并将书柜左侧作为钢琴区，使书房用途更加多元化。

书房区以架高 15cm 木地板与走道及客厅做出明显区隔，同时也更能满足客房的温润空间感。

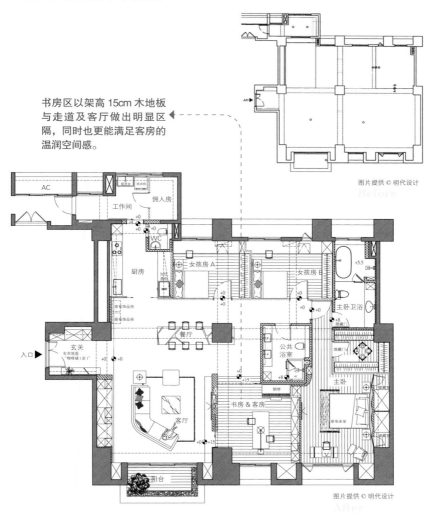

图片提供 © 明代设计

图片提供 © 明代设计

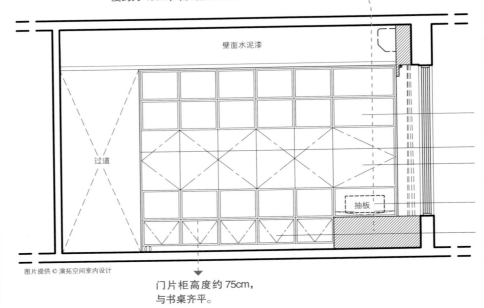

柜体右下侧设置事务机的位置，深
度约为45cm，留出散热空间。

壁面水泥漆

过道

抽板

图片提供 © 演拓空间室内设计

门片柜高度约75cm，
与书桌齐平。

依桌高设置门片柜
和开放柜的界线

望向书房时，为了让柜体成为视觉
焦点，刻意将下方门片柜的高度与
桌高齐平，约为75cm。上方的开
放层板则交错使用不同间距，约为
15～35cm高，空间更显活泼，也
创造了不同的收纳方式。

格局设计

尺寸设计

图片提供 © 演拓空间室内设计

✚ 格局设计关键

玻璃隔间设计，办公也不减互动

屋主在家工作的时间较长，需有一处办公空间，因此将长型的客厅一分为二，运用玻璃隔间区分内外，既能专心工作，也不失与家人互动的时刻。书房隔间恰与厨房齐平，维持视觉上的一致。

为了避免客厅深度不足，书房深度仅能容下桌子、过道和书柜的距离，大约留出180～200cm。

图片提供 © 演拓空间室内设计

Before

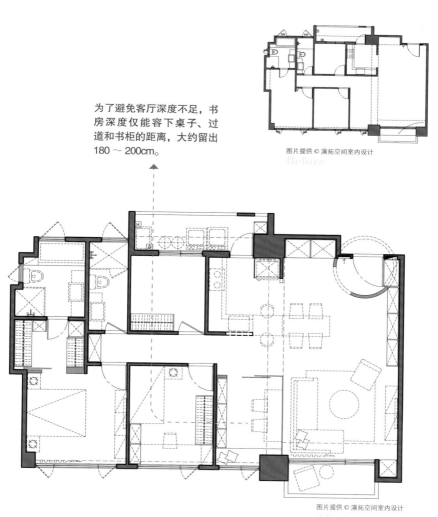

图片提供 © 演拓空间室内设计

After

书柜设计

图片提供 © 福研设计

书可竖放也可横放。

图片提供 © 福研设计

抽屉专为收杂物。

好分类

Case 01
厚此薄彼的最佳收纳拍档

屋主需求 男主人与女主人皆为医生，爱看书又注重儿童教育，书房里需有大量收纳空间。

格局分析 书房正对着厨房吧台，将开放式书柜底部涂上蓝色，成就妈妈视角里的一抹蓝天。

柜体规划 一侧采用厚度仅有 0.5cm 的钢板烤漆作为书架；另一侧延续空间整体的木质感设计封闭式书柜，收与放的线条元素相呼应，营造和谐的书柜风景。

好收技巧 钢烤书架的切割方式，不仅让书脊朝外竖放，还可横放；挑高的隔间让尺寸较大的童书也有专属的位置，中段抽屉可收纳杂物。

大容量

Case 02
柱体延伸双层书柜和大储物柜

屋主需求 ▶ 藏书量大，希望拥有足够的收纳空间与独立书房，让父母和孩子共同使用。

格局分析 ▶ 20 余坪的二手房，因紧临大马路，于是将卧室移向后方，并利用客厅旁的空间规划独立书房。

柜体规划 ▶ 利用结构柱体深度衍生大型储物柜与双层书柜，八角窗面的桌面两侧因空间略窄，柜体适合收纳小件杂物。

好收技巧 ▶ 随着左右柜体移动，柜体上方的灯光会自动开启，方便寻找想要的书籍，双层容量也可供男主人展示公仔用。

图片提供©FUGE 馥阁设计

书柜旁边的大型储物柜
专为收纳大型家电。

收最多

Case 03
大容量双排书柜

屋主需求 ▶ 拥有大量藏书，同时又希望空间能维持简洁。

格局分析 ▶ 靠窗处设置 L 型台面，一侧长墙摆放书桌椅，另一侧长墙配置书柜。

柜体规划 ▶ 前排为三个活动高柜，利用滑轨来轻松地左右移动；其后则配置整墙的落地书架。

好收技巧 ▶ 后排开放式层板，便于取放书籍。前排设置门片，避免在移动柜体时书籍掉落。

前排活动柜的上下皆有轨道。

图片提供 © 明代室内设计

图片提供 ©摩登雅舍室内设计

层格高度不一，可根据设备摆放。

Case 04
借用空间规划迷你收纳柜

屋主需求 ▶ 书房兼起居室，但希望能有柜子专门收纳打印机等设备。

格局分析 ▶ 家具已经定位，仅能从墙边找空间规划收纳柜。

柜体规划 ▶ 书房内规划与天花板等齐的柜子，满满的层格可收纳书籍，也能摆放打印机等相关设备。

好收技巧 ▶ 左右两侧利用层板做收纳，中间则除了层格还加了抽屉，层格高度不同，可依打印机、传真机等设备，决定摆放位置。

超极简

Case 05
沉稳书墙的趣味变化

屋主需求 ▶ 希望呈现稳重、温暖的空间感。

格局分析 ▶ 与主卧串联的小空间，不适合安排大面书墙，以免过于压迫。

柜体规划 ▶ 以深木色与深色漆色作为柜墙主要颜色，此时层板则选择既轻薄又具承重力的铁板，适当简化柜墙线条，化解深色的沉重感，而铁板特意不对称分割，也使稳重的书房制造出让人玩味的变化。

好收技巧 ▶ 把有门片的收纳规划在最下层，门片也选用深色，借此融入墙面，同时也便于平时收放。

图片提供 © 奇逸设计

门片收纳集中于下方便于收放。

Case 06
造型滑门隐藏打印机

屋主需求 ▶ 在家工作常需打印文件。

格局分析 ▶ 大面侧墙配置落地柜架；桌椅则设置在柜架的前方。

柜体规划 ▶ 整座柜体内为层板，外设三片白色的大型拉门。

好收技巧 ▶ 打印机置于椅子后方、柜体中段的位置。屋主坐在椅子上转个方向、推开门片，就能取出打印的文件。

门片可自由滑动到任意位置，无须起身就能使用柜体暗藏的打印机。

图片提供 © 奇逸设计

抽屉下方可收纳生活物品。

图片提供 © 睿丰空间规划设计

Case 07
架高方式提升书房的收纳容量

屋主需求 ▶ 这既是书房亦是起居间，希望在面积有限的条件下，能运用不同的收纳形式，增强实用性。

格局分析 ▶ 屋型属狭长型，书房就在格局的中央，除了沿墙面配置柜体，另外也选择从地板处制造收纳柜。

柜体规划 ▶ 书桌区共规划了 10 个深度约 60cm 的书架，足够的尺寸可摆放一般开本大小的书籍；下方地板在架高了 30cm 后，配置出 3 个深度约 65cm 的抽屉，可用来收纳一些简单的生活用品。

好收技巧 ▶ 书桌区的收纳柜是展示型，相关物可直接拿取，很方便；地板下方收纳则为抽屉型，借助滑轨五金轻轻一拉便能将抽屉送出，方便摆放物品。

超整齐

Case 08
超大书墙满足漫画迷

屋主需求 ▶ 喜欢收藏漫画，希望能有完整展现的空间。

格局分析 ▶ 书房规划于客厅旁，借由可调整的隐藏横拉门，增加书房的独立使用需求。

柜体规划 ▶ 双面玻璃柜墙作为客厅、书房的隔间与漫画书墙，既是视觉焦点也让各区域之间保有延续的效果。

好收技巧 ▶ 由于漫画封面、书背色彩较为丰富，柜体特意选用白色，只要根据系列排列就很整齐。

灰蓝墙色搭配进口壁纸，
展现优雅氛围。

图片提供 © 尔声空间设计

好分类

Case 09
可分类储藏的大容量书柜

屋主需求 ▶ 旅居欧洲的学者夫妇，女主人回来后从事教育事业，需要有专属独立的工作室。

格局分析 ▶ 原有四室格局，预留一间儿童房，还有两个房间分别规划为男女主人各自使用的书房。

柜体规划 ▶ 女主人因收纳书籍、打印机等需求，将面积较大的卧室变更为书房，并充分利用两侧规划玻璃、开门式柜体。

好收技巧 ▶ 柜体依照无印良品档案夹尺寸以30cm 作为设定，方便屋主做分类储藏。

图片提供© 相即设计

Case 10

超整齐

打印机藏在桌面下，
杂乱看不见

屋主需求 ▶ 打造一个能让孩子专心读书的空间。

格局分析 ▶ 位于顶楼的宽敞空间，设计师将动线分为两部分：家教讲课的动线和孩子读书的动线。

柜体规划 ▶ 将家教讲课的台面下方作为打印机的收纳空间，台面后方为黑板漆墙面，方便家教授课教学，台面的另一端则为孩子的学习空间。

好收技巧 ▶ 打印机收纳空间为开放式，让屋主使用起来方便灵巧，且因降低了高度，在视觉上也自然地遮蔽了杂乱的收纳感。

图片提供© 相即设计

降低打印机收纳
高度，遮蔽杂乱。

拉门开阖可变客房。

图片提供 © 白金里居空间设计

Case 11
交互式书房，让孩子快乐学收纳

屋主需求 ▸ 想要一间书房来整齐收纳。

格局分析 ▸ 用玻璃与木材质让书房成为半开放式格局，平时完整开放，让屋主坐在客厅时也能看见孩子在书房玩乐、阅读。

柜体规划 ▸ 除了客厅沙发背墙黑色的书柜外，书房在柜体上用灯光引出温度，当有客人来时，窗帘一拉、木门一关，就又成了一间较为隐秘的私人客房。

好收技巧 ▸ 书房的开放式展示柜能让孩子学习如何有效收纳，或摆放自己喜欢的玩具和书籍等。

好能收

Case 12
善用窗台空间设计收纳

屋主需求 ▸ 男主人需要有一间独立书房办公。

格局分析 ▸ 书房隔间略为外推，形成长型空间。

柜体规划 ▸ 由于空间宽度较窄，以窗台为中心设置书桌，桌子两侧则善用窗台下方空间设计柜体，使书桌和柜体融为一体，避免占据过多面积。

好收技巧 ▸ 应办公的收纳需求，定制的书桌特别加设抽屉，方便收纳文件和文具用品。窗台下方柜体略为突出，加深至50cm，加大收纳容量，物品更好收放。

图片提供 © 摩登雅舍室内设计

50cm 深柜体，增加储物量。

线槽的设计巧妙隐藏了杂乱的电线。

图片提供 © 演拓空间室内设计

Case 13
设备电线不外露，空间更整齐

屋主需求 ▶ 屋主有在家办公的需求，但又不希望凌乱的电线和设备外露。

格局分析 ▶ 微调隔间，将书房纳入主卧内部，形成兼具卧室和办公的空间。书房隔间采用通透玻璃，但特意调整书柜位置，巧妙遮住卧房，保有隐私。

柜体规划 ▶ 柜体采用 L 型排列方式，围塑书房区域，柜体两侧皆不做满，留出通往主卧的双向通道。柜体上方开放式设计，方便拿取物品，也成为空间的展示背墙。

好收技巧 ▶ 办公设备通通收在柜体下方，运用门片遮掩，同时通过线槽设计巧妙藏线，维持视觉上的洁净。

超整齐

Case 14
订制家具扩充收纳，功能满载

屋主需求 ▶ 除了希望扩充收纳之外，也能与家人产生良好互动。

格局分析 ▶ 延续原有格局，仅在书房隔间设置假窗，书柜正对假窗，从客厅往书房内部看，书籍摆设就成了最美的焦点。

柜体规划 ▶ 定制的书桌附设抽屉，便于收纳文件文具等；而窗边卧榻也不放过，下方也可拉抽，给予充足的收纳空间。

好收技巧 ▶ 卧榻收纳由于高度较低，采用抽屉设计，就能轻易拿取藏在深处的物品。

薄抽屉适合收纳文具用品。

图片提供 © 摩登雅舍室内设计

喜欢空间宽敞、能和家人互动的
开放式书房，但又怕最终变得好乱

+ 格局设计关键

垂直层次创造丰富空间感受

17坪、42年的旧公寓有着一般老屋狭长且采
光不良的问题。设计师重置格局，大面落地
窗使得即使是单面采光，也令公私区域都有
充足光线。而为了满足屋主阅读区的需求，
设计师将沙发高度延伸出犹如咖啡厅吧台概
念的高脚阅读桌面，高背沙发、书桌、展示
书墙，创造具有十足层次感的垂直视野。

图片提供 © 云司国际设计
Before

图片提供 © 云司国际设计
After

公共区域的柜体收纳集中于阅读
区后方，以节节高升的设计方
式，令空间富有层次，坐在沙发
上时不觉得柜体有压迫感。

十 尺寸设计关键

视线以下做大面积的收纳柜

因为房子的空间不大，因此将主要收纳置于书桌后方大面积的收纳量体，设计要点在于视线以下做大量收纳：与书桌齐高的柜体，下方约 125cm，能满足大量生活杂物的收纳需求，而上方则以多种形式的开放式层柜呈现，令空间富有变化。

图片提供 © 云司国际设计

与书桌齐高的柜体，下方约
125cm，能满足大量生活杂
物的收纳需求，并因位于视
觉下方而不感觉压迫。

将收纳柜一分为二，上方以
多种形式的门片与层板展示
收纳，令空间不显呆板。

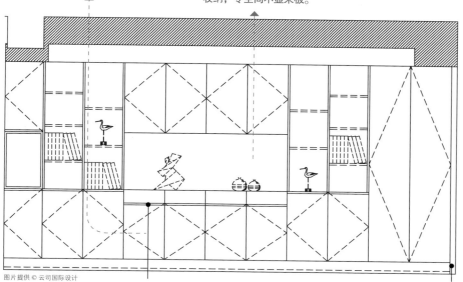

图片提供 © 云司国际设计

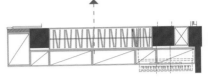

利用双面柜的设计将结构柱体完全包覆、虚化，同时也节省了墙面厚度，争取到更多收纳空间。

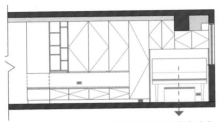

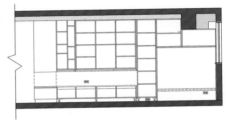

图片提供 © 耀昀设计

书房面的墙柜从窗边向内分别配置有钢琴区、门柜与展示柜，而下方则有置物台面，具有丰富多元的收纳空间。

+ 尺寸设计关键

双面柜满足书房与卧室的收纳需求

将书房与主卧之间的隔墙改以双面橱柜，双边柜深各约50cm，书房面主要作为书柜与展示柜，卧室面则是成排的衣柜，不仅置物收纳相当便利，100cm的柜体深度也可兼顾隔音效果，可谓节省空间的好设计。

图片提供 © 耀昀设计

✚ 格局设计关键

水平、垂直轴线成功整合视觉

在客厅沙发后方以茶色玻璃与木质柜体区隔出半开放书房区，为避免书房橱柜的凌乱感，设计师将书桌后方的墙面以白色门柜搭配水平轴线的台面，创造出更多置物空间，并且在突出柱体处设计以开放层板柜，形成墙柜中的垂直轴线，让视觉更聚焦、更整齐。

利用茶色玻璃与木质柜体，在沙发后方打造开放式书房，运用更具灵活性，茶色玻璃的采用也有视觉的放大效果。

▐▐▐ 入口
26P

图片提供 © 耀昀设计

Before

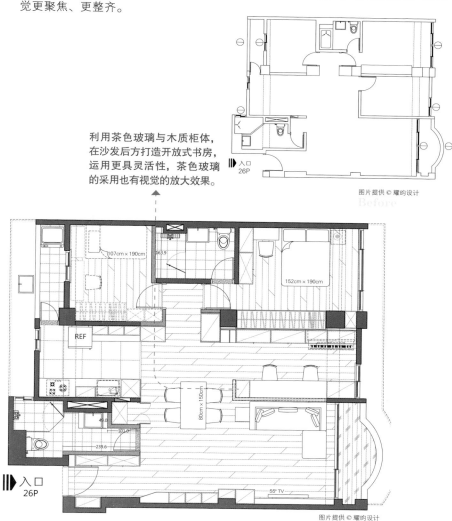

▐▐▐ 入口
26P

图片提供 © 耀昀设计

After

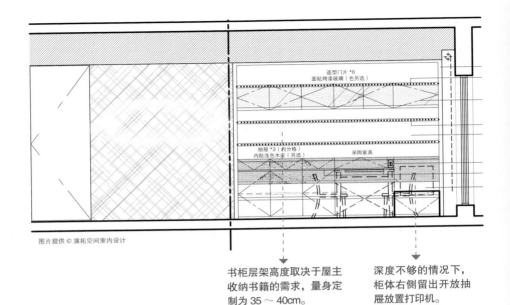

造型门片 *6
面贴烤漆玻璃（色另选）

抽屉 *3（内分格）
内贴浅色木家（另选）　　　采购家具

图片提供 © 演拓空间室内设计

书柜层架高度取决于屋主
收纳书籍的需求，量身定
制为 35 ～ 40cm。

深度不够的情况下，
柜体右侧留出开放抽
屉放置打印机。

＋　尺寸设计关键

深度 40cm，视觉
比例不厚重

作为办公用的书房空间，通常需
配置打印机，屋主的打印机深度
超过 50cm，但开放式书房的设计
能一眼望见柜体深度，为了让柜
体比例适中、不显厚重，深度做
成作 40cm，打印机另设开放柜收
纳。顺应桌高在柜体一侧设置线
槽，方便使用之余有效隐藏凌乱
电线。

图片提供 © 演拓空间室内设计

✚ 格局设计关键

破除隔间，书房纳入客厅的一环

屋主为一对年轻夫妇，人口结构单纯，对卧室的需求不大，因此将原有四室改为两室，其中邻近客厅的隔间拆除，改设立开放式书房，并以悬浮电视墙区隔。电视墙两侧不做满，双动线的设计让行走随心所欲。书柜则沿墙设置，开放层板的设计让柜体不显沉重，同时入门处的转角柜特意打斜设计，一进门视线便能穿透书房，有效放大空间。

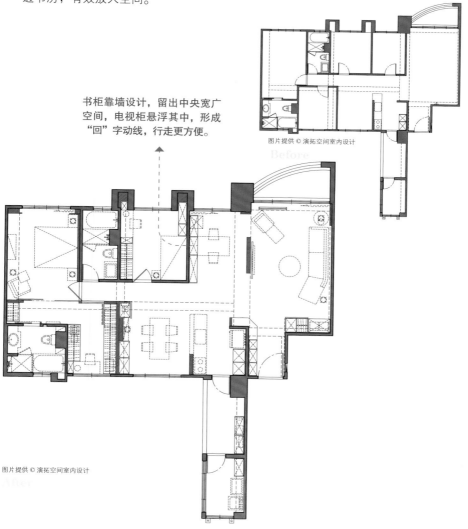

书柜靠墙设计，留出中央宽广空间，电视柜悬浮其中，形成"回"字动线，行走更方便。

图片提供 © 演拓空间室内设计

Before

图片提供 © 演拓空间室内设计

After

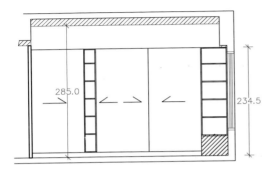

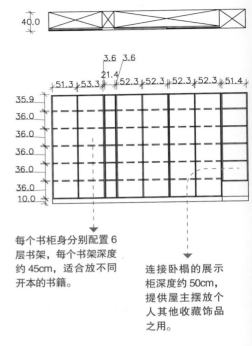

图片提供 © 浩室空间设计

每个书柜身分别配置 6 层书架，每个书架深度约 45cm，适合放不同开本的书籍。

连接卧榻的展示柜深度约 50cm，提供屋主摆放个人其他收藏饰品之用。

＋ 尺寸设计关键

45cm 深让一般或
特殊开本书籍都能放

3 个门片后内含 6 个书柜，每桶身共规划 6 层的书架设计，而每一层深度约 45cm，无论屋主的个人藏书尺寸是一般还是特殊形式，都有足够的空间收纳。

图片提供 © 浩室空间设计

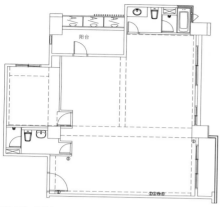

Before

＋ 格局设计关键

门片式书柜减轻日后清洁难度

屋主期盼有一个大书柜来收纳个人的藏书，但由于书房属于公共区域，又为开放形式，为减轻日后清洁上的困难，选择加入门片，适时展开能作为相互映衬空间设计，阖起则可降低落尘的影响。

除了门片式书柜外，连接卧榻区的地方也做了一处展示型收纳区，同样也可摆放屋主个人的收藏饰品。

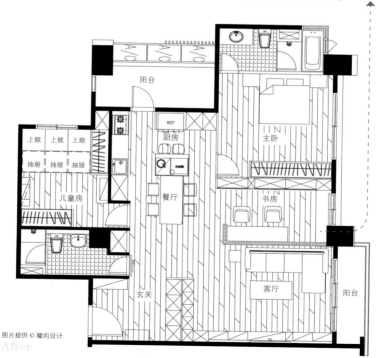

After

书柜设计

高度不一，任何
开本几乎都能放置。

图片提供 © 福研设计

好有型

Case 01
跟着屋顶走的方块拼图墙

屋主需求 ▶ 曾居住海外的夫妻喜欢用相框裱褙照片，将回忆和书本等饰品一起摆放。

格局分析 ▶ 把透天顶层最佳的视野留给公共区域，以书房的大面窗户引进自然光和绿意。

柜体规划 ▶ 在原有的斜屋顶下，创造阶梯式的天花设计，同时纳入完整的书墙规划，大小不同的方块拼贴出独特的空间样貌。

好收技巧 ▶ 柜深为 40cm，分割出不同高度的收纳格、抽屉，部分具有门片，可按需求收藏展示尺寸各异的相框或饰品。

图片提供 © 福研设计

Case 02
书柜隔间满足收纳与光线

屋主需求 ▶ 男主人需要书房，孩子需要写功课的地方。

格局分析 ▶ 原本厨房旁是一间卧室，然而却阻碍了屋内光线的流通，变更为开放式书房与厨房串联，光线、空间感便能获得提升。

柜体规划 ▶ 书房与客厅和餐厅之间利用书柜作为隔间，让两侧光线自由流窜，也带来丰富的藏书功能。

好收技巧 ▶ 书柜局部搭配门片式设计，既可摆放书籍也能收纳其他生活杂物。

图片提供 © 日作空间设计

图片提供 © 日作空间设计

右侧书桌可移动与后方桌面合并使用，更具弹性。

好新潮 Case 03
黑与白的经典、纤薄之美

屋主需求 ▶ 对生活中的每一事物既要求实用又要有极高设计感。

格局分析 ▶ 在客厅与临窗的休息区的中间转角地带，规划开放式书房，可在此使用计算机或阅读书籍。

柜体规划 ▶ 书桌后方墙面规划造型书架，白色铁件的纤薄量体搭配直线与弧线的律动造型，让书架有如装置艺术。

好收技巧 ▶ 高低不一的层板，让书架内的书籍与物品可依不同大小来摆放，同时也打破整齐摆放的规则，让画面更生动。

门片柜体用来收纳杂物。

图片提供 © 森境 & 王俊宏室内装修

好宽敞 Case 04
书房藏进壁柜内

屋主需求 ▶ 只有9坪，但男主人还是需要在家办公的空间。

格局分析 ▶ 拆除原本入口左侧的厨房，利用邻近结构柱的地方规划书房。

柜体规划 ▶ 书桌与收纳层架隐藏在壁柜内，需要时打开就拥有书房功能，平常门关起来又能保持整齐。

好收技巧 ▶ 书柜整体深度约70～80cm，椅子可完全收在桌面底下，书柜层架30cm高，可摆放各式书籍。

利用壁柜手法将书房隐藏起来。

图片提供 © 權昀设计

省空间

Case 05
柜中屋的空间收纳术

屋主需求 ▶ 不需要太多房间，渴望有一处开阔的阅读区，可作为客厅的延伸。

格局分析 ▶ 拆除不必要的房间后，不仅客厅变得宽敞，后方也可设置一间半开式书房。

柜体规划 ▶ 订制的欧式造型书柜与墙面融为一体，深度35cm符合屋主的藏书收纳，木质线板向上延伸包覆梁，空间瞬间变高了。

好收技巧 ▶ 架高地板辅以镜面与木质交错的折叠门，书房可收起来变客厅；保留左侧原始的衣柜和开放式层板，使收纳功能更齐全。

开放层板可做展示用。

图片提供 © 法艺设计

不同高低柜格，任何尺寸都能收。

图片提供 © 演拓空间室内设计

多功能

Case 06
餐厅与书房兼并，形成多功能空间

屋主需求 ▶ 书籍较多，且有读书和办公需求，希望有个开放的书房空间。

格局分析 ▶ 将客厅和书房的隔间拆除，开放的设计有效扩展空间深度。运用靠窗的畸零角落设置书桌，拥有用餐和办公的复合功能。

柜体规划 ▶ 柜体居中，左右两侧以线板铺陈，融入古典对称元素。柜体上方采用开放层板，好收好拿之余，也形成了空间的视觉焦点。

好收技巧 ▶ 为了让不同尺寸的书都能收纳完善，交错运用不同高低的柜格，即便高度较低，也能横放书本，展现多变的收纳方式。

卧榻可收也可坐。

图片提供 ©澄橙设计

Case 07
MUJI 日式收纳法

屋主需求 ▶ 希望有个能让孩子阅读与玩乐的空间。

格局分析 ▶ 拆除原本封闭的书房墙面，让公共空间可以拥有令人羡慕的明亮光线。

柜体规划 ▶ 以现有收纳盒回溯打造柜体，不仅更为实用，也能随时变化使用方式。

好收技巧 ▶ 延墙边设计的卧榻深度约45cm，平时不仅可以和孩子在此阅读，下方还设置抽屉，可以培养儿童的收纳习惯。

好拿取

Case 08
充满互动乐趣的阳光书屋

屋主需求 ▶ 想要有孩子玩耍的游戏室及客房。

格局分析 ▶ 63坪的上、下两层住宅，原本有一座天井，但格局配置影响客厅及餐厨的采光，日光也无法深入地下室，使卧室显得相当幽暗。

柜体规划 ▶ 利用地下室的长廊规划整排书柜，书柜左右两侧门片内藏衣柜，提供多功能起居室作为客房使用。一边通往主卧与长辈房，多功能空间也多一个空间睡觉。

好收技巧 ▶ 书柜最底层也是采用开放式设计，方便小朋友自行拿取书本，多功能起居室些微架高，邻近廊道的部分具有抽屉收纳功能。

图片提供 ©FUGE 馥阁设计

起居室一侧的台阶也兼具收纳功能，同时能完全收起来。

书柜后方是电视墙。

图片提供 © 相即设计

二合一

Case 09
用柜体界定空间属性

屋主需求 ▶ 放大公共空间，并让绿意延伸入室内。

格局分析 ▶ 空间本身的光线与户外景致宜人，设计师期望让屋主在各个区域都能抬头便看到风景。

柜体规划 ▶ 用石材包覆出具有厚度的柜体，并从天花实体向下延伸，但在连接地面处挖空，前面成为客厅用的电视墙，后面成为实体书柜。透过视觉错层界定了客厅与书房，也加强了整体视觉性。

好收技巧 ▶ 通过天花到地面的不同收纳方式，让屋主能自由展示收藏品。

多功能

Case 10
利用起居整合书房、视听需求

屋主需求 ▶ 保有主卧室的宽敞舒适，但阅读办公与电视通通都要有。

格局分析 ▶ 此间主卧室的纵身有 4~5m 长，要让屋主躺在床上能看到电视，传统做法就必须特别做出一道电视墙，但如此就会切割空间宽度。

柜体规划 ▶ 阅读区域后方以木材设计一面柜体，灰镜落于此并向左右延伸，而在靠近窗边的左方藏着一台大电视，只要轻轻一拉，就能将电视转出并留出了适当的观赏距离。

好收技巧 ▶ 除了电视藏于柜体外，灰镜之下的柜体除了展示功能，也有完整的收纳功能，充分满足主卧室的各项功能需求。

电视可隐藏在柜体内。

图片提供 © 相即设计

书柜尺寸细节全在这儿

|提示 1|

板材加厚解决书架变形的问题

为了避免书架的层板变形，建议将木材厚度加厚，大约 4～4.5cm，甚至可以到 6cm，不容易变形，视觉上也能营造出厚实感。

|提示 2|

书籍种类影响层板高度

收放杂志的书柜层板高度必须超过 32cm，但如只有一般书籍则可做小一点的格层，但深度最好超过 30cm 才能适用于较宽的外文书或是教科书，格层宽度避免太宽，导致书籍重量压坏层板。

|提示 3|

横宽过长时需要增强支撑结构

一般装修时用于书架层板的木芯板板材厚度在 2cm 左右，横宽则控制在 80～100cm，超过 100cm 时应适当地增加板材厚度或增强结构，大约每 30～40cm 就要设置一个支撑架，或干脆使用铁板为层板材质，就能避免发生这种情况。

|提示 4|

层板 15cm 深，保持走道舒适

若想在过道设置书架，需考虑书架深度是否会占用空间，导致行走不便。以最小宽度的过道 75cm 来计算，架设书架层板建议 15cm 深为佳。因为过道宽度 75cm 扣除 15cm 的层架后，还有 60cm 可供行走，这样才不会撞到书架。

|提示 5|

双层书柜前浅后深节省空间

书量较多的情况下，可以规划双层书柜，或是利用高度将书柜做到置顶。正常的双层书柜约 60～70cm 深，若想更节省空间，可让前后两层书架的深度不一样。前柜深度约 15cm，可收纳小说或漫画；后柜深度保留 22～23cm 左右，整体加上背板厚度可缩小至 40cm 深，增加收纳也不会占用空间。

图片提供 © 白金里居空间设计

137

区域·卧室

衣柜基础规划多可分为衣物吊挂空间、折叠衣物和内衣裤等的收纳区域，以及行李箱、棉被、过季衣物等杂物摆放。如果是独立式更衣间，可采取开放式设计方便拿取衣物，而转角 L 型区域则建议采用 U 型或冂型的旋转衣架，增加收纳量且能避免开放式层板可能造成的凌乱感。

Part 1 　卧室不够大，衣服、包包、保养品如何收得整齐？

Part 2 　就是想要一间独立的更衣室，把衣服、包包集中收纳

卧室不够大，衣服、包包、保养品如何收得整齐？

✚ 格局设计关键

畸零凹角变衣柜又收电视

原来作为办公室的空间要转换成居住使用，须重新规划内部格局。夫妻俩和三个小孩共住一室，虽然此空间格局不方正又拥有许多恼人的大柱子，设计师依然将劣势转为优势，善用许多畸零空间作为收纳用途，并借由巧妙的格局规划，让空间功能性更强且动线无比流畅！

图片提供 © 福研设计
Before

主卧里暗藏玄机，纳入了电视、书桌、书架、两处衣柜，各种凹凹凸凸的奇怪空间都重新安置了最合适的功能配备。

图片提供 © 福研设计
After

✚ 尺寸设计关键

挪 10cm 让电视嵌入柜门内

屋主渴望在卧室添一台电视机，设计师把电视机嵌入中间门片之中，加厚门片后方的衣柜桶身则悄悄地内缩了 10cm，旁边柜体桶身维持在 60cm 左右，门片只有 5cm；从外观看起来，所有门片维持在同一平面，美观且不突兀，但实际上内部的桶身较浅而门片较厚，却也同样保有十足的收纳空间。

图片提供 © 福研设计

运用梁柱左侧多出的畸零空间，设计了上方为书架层板、下方为柜子的多元收纳空间，整体视觉更加轻盈利落。

梁柱被包覆上与门片相同的材质，一方面成为衣柜的延伸，另一方面也使得添加了电视的门片左右对称。

TV

图片提供 © 福研设计

L 型置顶衣柜创造丰富收纳空间

仅有 10 坪的房子，扣除公共厅区，卧室还能有大容量的衣柜收纳吗？设计师利用毗邻客厅的空间规划出半穿透的卧室格局，并运用挑高 3.6m 的高度，加上以置顶衣柜包覆下嵌式床铺的做法，创造超大收纳量。

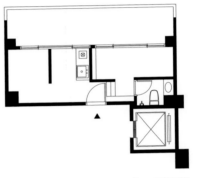

图片提供 ©FUGE 馥阁设计

Before

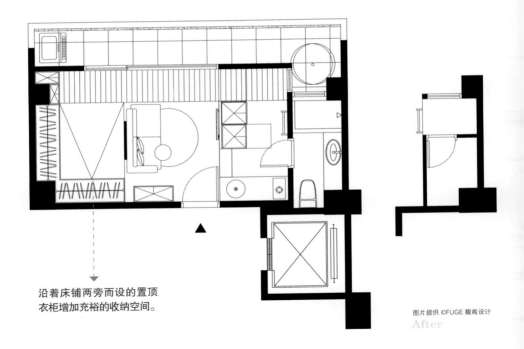

沿着床铺两旁而设的置顶衣柜增加充裕的收纳空间。

图片提供 ©FUGE 馥阁设计

After

✚ 尺寸设计关键

多元收纳形式满足衣物分类

柜体的开阖也经过悉心考虑,当人往后靠的时候,肩膀以上大约 97cm 高才是门片开启的位置,内侧镂空平台也可上掀往下收纳,同时兼具床头边柜的功能。就寝区的床铺特别采取下嵌设计,与一旁的廊道平台高度一致,而廊道平台为 81cm 左右,当未来有新成员加入的时候,廊道就能直接将放置的床垫转换为婴儿床。

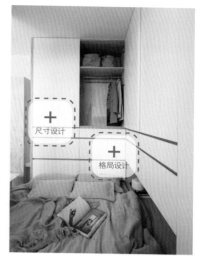

图片提供 ©FUGE 馥阁设计

长边衣柜兼具多种收纳方式,最右侧 270cm 高的衣柜可收长款大衣或是行李箱。

床头后方设计宽 76cm、高 35cm 的抽屉加上 100cm 的基本吊挂高度,就能将衣物做适当的分类。

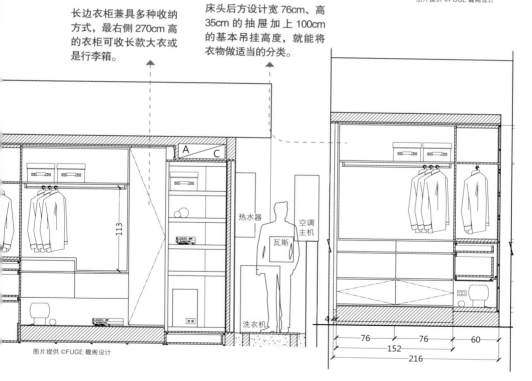

图片提供 ©FUGE 馥阁设计

衣柜设计

图片提供 © 森境 & 王俊宏室内装修

侧边是层板，可放置居家饰品。

省空间

Case 01
三面柜满足多元功能需求

屋主需求 ▶ 考虑女屋主擅长拼布艺术，除将其转化为设计元素外，在功能与线条设计上也务求精巧。

格局分析 ▶ 不想让格局因分给更衣间而变小，因此，以半开放设计取代独立更衣间，并借床尾多功能三面柜界定格局。

柜体规划 ▶ 主卧的三面柜除了在床前是简约电视墙，背后及侧面则具有复合式收纳与展示功能，同时界定出半开放更衣区。

好收技巧 ▶ 电视柜背面规划为衣柜，方便取放常穿的衣物，而临窗边则有层板柜可整齐置放小物，为了避免压迫感，衣柜不触及天花板。

好分类

Case 02
矗立与重叠的手法
让小宅里也有充足衣柜

屋主需求 ▶ 虽说是 1 + 1 套房格局，但也希望有充足衣柜摆放相关衣物。

格局分析 ▶ 空间属于小面积住宅，在有限空间下，选择沿墙、天花板找空间，进而结合矗立、重叠手法，自床头墙创造出衣柜收纳区。

柜体规划 ▶ 自床头板创造出的衣柜区，深度约 65cm，另外旁边也有一道高 2.4m、深 65cm 的完整衣柜，能满足基本的衣物收纳量。

好收技巧 ▶ 柜体内部收纳以吊杆、层板为主，上半部可悬挂外套、衬衫、裙、裤等，下半部可收纳折叠的衣物。

图片提供 © 睿丰空间规划设计

65cm 深度满足基本收纳。

好能收

Case 03
大面衣柜足以容纳
各式各样的衣物

屋主需求 ▶ 希望有个超大衣柜，收纳各式各样的衣物。

格局分析 ▶ 卧室内没有多余空间，沿着墙面、柱子来设计衣柜，构造出完整的更衣区域。

柜体规划 ▶ 沿墙面是一大面衣柜，深度约 65cm，内部配置了吊杆式收纳，相关衣物都能被吊挂收好；柱子旁在畸零处规划了深度约 44 ～ 45cm 的展示型柜体，可摆放一些毛巾及其他生活用品。

好收技巧 ▶ 大面衣柜门片以拉门为主，使用上不用担心影响到行走空间，或是卡到床铺，收起时也能保持柜体门片的完整性。

拉门设计
不影响行走空间。

图片提供 ©
FUGE 馥阁设计

超隐形 **Case 04**
升降衣柜满足小宅收纳

屋主需求 ▶ 只有 9 坪大，还是需要两室格局，以及足够的收纳空间。

格局分析 ▶ 3.6m 的挑高小宅，面积有限。

柜体规划 ▶ 利用特殊研发的五金设备，在打坐区上方夹层打造升降衣柜，增强丰富的收纳功能。

好收技巧 ▶ 升降衣柜通过遥控就能轻松调整高度。

↓
特殊研发的五金让柜体可自动升降。

省空间 **Case 05**
水平连续线条创造梳妆、衣物收纳

屋主需求 ▶ 期待能拥有如时尚服装店般的收纳。

格局分析 ▶ 面积有限，加上并不想变更太多格局，因此将房门移至另一侧，让邻近窗边的完整墙面作为床头。

柜体规划 ▶ 通过功能整合手法，以开放层架、吊衣杆的设计，创造更衣、梳妆功能。

好收技巧 ▶ 梳妆 / 书桌长 190cm、吊衣杆长 180cm 的尺寸打造开放式衣柜功能，吊衣杆底下包含抽屉与层板的收纳形式，吊衣杆上方也设计 30cm 高间距的层板，可搭配收纳篮保持整齐样貌。

图片提供 © FUGE 馥阁设计

↓
天花板内藏有卷帘，可完全放下以遮挡凌乱感。

超好收

Case 06
双层衣柜容纳一家三口衣服

屋主需求 ▶ 一家三口的衣服样式很多，长度也都不一样，穿过的衣服也不想收进衣柜里。

格局分析 ▶ 15坪的小套房，复合式的功能才能达到更大的使用效益。

柜体规划 ▶ 设计了能争取多一层收纳空间的双层衣柜，运用轨道能前后移动。

好收技巧 ▶ 前后排的衣柜设计可将男装和女装进行适当分类，搭配吊杆、置物格、抽屉的设计，满足各种衣物的收纳。

吊杆上端设有灯光，找衣服更方便。

轨道五金让衣柜移动更顺畅。

图片提供 © 力口建筑

收最多

Case 07
拉门把衣柜藏得漂亮

图片提供 © 瓦悦设计

层架还可拉出，连侧边都能用。

屋主需求 ▶ 想要有收纳保养品的位置，也希望有个化妆桌。

格局分析 ▶ 空间面积不大，收纳需整合在一起，不然会妨碍过道。

柜体会规划 ▶ 以拉门包覆收纳柜，其中规划了吊挂式、抽屉式、开放式柜体等，满足丰富的置物需求。

好收技巧 ▶ 开放式柜体适合拿来摆放包包，抽屉式可放贴身衣物，吊挂式可用来吊挂大衣，分类清晰也方便拿取。

白色柜门清新明亮。

图片提供 © 甘纳空间设计

Case 08
柜墙整合衣柜与书籍收纳

屋主需求 ▶ 虽然小孩年纪还小，但预计会在这间房子住上 10 年，儿童房必须有完整的衣柜、书籍收纳空间。

格局分析 ▶ 儿童房隔间墙略微往内缩，扩大公共厅区的宽敞程度，并将房门改为拉门形式，争取空间效益。

柜体规划 ▶ 沿既有 L 型结构顺势安排衣柜功能，简单利落的白色横拉柜门与橘色系创造清爽又抢眼的视觉效果。

好收技巧 ▶ 邻近入口处是运用浴室隔间做出的双面柜，可收纳经常阅读的书籍。右侧造型吊柜则是以收纳书籍为主。

超收更多

Case 09
加强功能与尺度，提升收纳量

屋主需求 ▶ 仅 15 坪大，并且卧室分配到的面积也有限，希望卧室内的收纳空间充足，满足使用需求。

格局分析 ▶ 主要分为床铺和衣柜两区，所幸在衣柜旁配置了化妆桌，并特别加深了尺寸设计，让上下方都能再增设其他层架、柜体等。

柜体规划 ▶ 主卧中的化妆桌台面深度加至60cm，无论台面上还是台面下，多出来的空间就能再增设层架、柜体等，让房间中的每一寸空间都发挥收纳作用。

好收技巧 ▶ 柜体依需求使用抽屉、展示柜、层板等形式，不仅可以做到将收纳妥善分类，也能将柜体内的功能做到物尽其用。

桌面加深可增加层架利用率。

图片提供 © 何特室内设计

15cm柜体可收纳保养品。

图片提供 © 陶磊空间设计

Case 10
精算空间既有收纳柜也有化妆台

屋主需求 ▶ 希望卧室里除配置收纳柜外，还拥有一个化妆台。

格局分析 ▶ 卧室采光相当好，柜体、化妆台设备配置尽量以不影响光线为主。

柜体规划 ▶ 化妆台侧边规划了深度约15cm的柜体，作为摆放化妆保养品之用；下方则为开放式的收纳柜，可摆放书籍或3C产品等。

好收技巧 ▶ 预想到屋主睡前可能会阅读、使用手机，相关收纳柜便配置在下方，躺着伸个手就能将物品摆好。

多功能

Case 11
梳妆台内藏于柜体，巧用拉门遮蔽

屋主需求 ▶ 女主人有使用梳妆台的习惯。

格局分析 ▶ 主卧面积较小的情况下，将柜体沿墙设置，留出方正格局。

柜体规划 ▶ 梳妆台采用嵌入衣柜的设计，不仅可避免畸零空间的产生，运用雾面拉门随时隐藏，也能避免镜面正对床的禁忌。床头上方设置柜体以避免压梁问题，同时也能扩充收纳。

好收技巧 ▶ 床头柜体与梁齐平，深度较浅，约为30～40cm，收纳较不常用的物品。为了避免地震摇晃而使物品掉落的情形，柜体使用特殊门扣，有效稳固门片。

梳妆台藏在里面。

图片提供 © 演拓空间室内设计

149

Part 2

就是想要一间独立的更衣室，
把衣服、包包集中收纳

+ 格局设计关键

功能上下区分更好用

将原本做满的夹层拆除，仅留下主卧的
夹层设计，并以具有穿透效果的玻璃材
质取代实墙，弱化实墙压迫感。由于屋
主夫妻有大量衣物收纳的需求，主卧单
纯作为睡眠的空间使用，主要收纳功能
则挪至主卧夹层下方，并借此由打造出
收纳容量强大的更衣室来满足屋主需求。

拆除隔门　　　　图片提供 © 明楼设计

Before

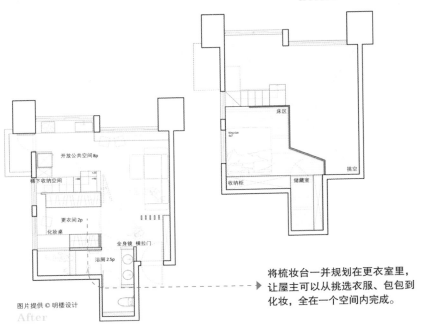

图片提供 © 明楼设计

After

将梳妆台一并规划在更衣室里，
让屋主可以从挑选衣服、包包到
化妆，全在一个空间内完成。

✛ 尺寸设计关键

根据空间功能分配屋高

挑高有 3.6m，考虑单纯只有睡眠用途的主卧不需要太高，因此主卧高度约1.4m，需要站立的更衣室则享有约 185cm 的高度。更衣室柜体若全部做满容易有压迫感，因此柜体规划为上方吊挂、下方为抽屉，顶天开放高柜则用来收纳使用频繁的包包。

图片提供 © 明楼设计

抽屉柜呼应玄关鞋柜，以斜边开孔作为把手设计，打造柜体简约利落造型。

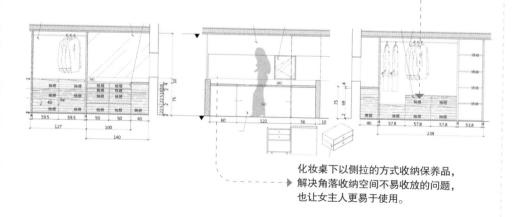

化妆桌下以侧拉的方式收纳保养品，
▶ 解决角落收纳空间不易收放的问题，
也让女主人更易于使用。

善用挑高变出迷你更衣间

22 坪的房子又必须配置出两居室，可见卧室的面积实在有限，不过幸好空间拥有 3.2m 的楼高条件，围绕着厅区的卧室便利用高度的优势，创造出更衣空间，不但大幅增加收纳容量，加上采用格子玻璃门片，也化解了小空间的压迫问题。

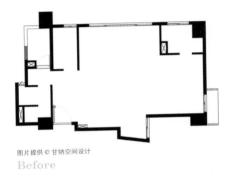

图片提供 © 甘纳空间设计

Before

畸零柱体角落规划为柜墙式设计，增加卧室的收纳能力。

图片提供 © 甘纳空间设计

After

✚ 尺寸设计关键

妥善拿捏距离尺寸，连行李箱也能收

近 3m 宽的衣柜采用铁件骨架创造出三层的悬挂功能，最底层高度分别包含 120cm、105cm、145cm 的设定，除了可悬挂长大衣、外套、洋装等，也能直接将行李箱推入收纳，铁件上方的层板高度间距则是 52cm、85cm、90cm、105cm，除可摆放折叠衣物之外，也可悬挂易皱、较短的上衣或裙子。

尺寸设计

格局设计

图片提供 © 甘纳空间设计

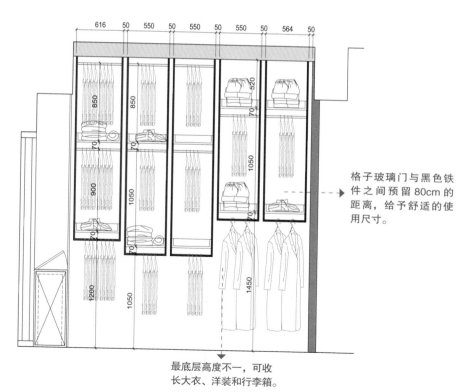

格子玻璃门与黑色铁件之间预留 80cm 的距离，给予舒适的使用尺寸。

最底层高度不一，可收长大衣、洋装和行李箱。

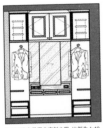

2-15/2F 主卧更衣室剖立图 比例为 1:40

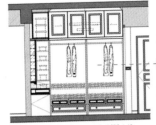

2-16/2F 主卧更衣室剖立图 比例为 1:40

→ 考虑到女屋主拥有许多长洋装，不设上下双衣杆，而改为单一衣杆，让长洋装的裙摆再也不用受挤压。

2-17/2F 主卧更衣室剖立图 比例为 1:40

2-18/2F 主卧更衣室剖立图 比例为 1:40

→ 衣柜上方为封闭式柜体；中段为开放式收纳空间，同时搭配层板灵活运用；底端设置了宽窄两种不同尺寸的抽屉。

图片提供 © 福研设计

+ 尺寸设计关键

跟衣柜借 2cm，更衣室变好宽

进入主卧后，穿过结合全身镜的推拉门，即是一间小巧的更衣室，双侧顶天立地的衣柜设计，中段为开放式挂衣空间，比一般衣柜深度少了 2cm，却为此更衣过道争取到了更宽敞的空间，也方便女屋主取用衣物。在对侧通往卧室的过道上，也对称地设计了内含层板的薄型衣柜（深度分别为 40cm 和 55cm），采用推拉门板节约空间。

图片提供 © 福研设计

十 格局设计关键

无用过道变身时尚伸展台

透天老公寓因屋形狭长而采光不佳，格局也不符合屋主一家五口的使用需求。设计师将公共区域规划在顶楼，使其享受最佳视野；二楼规划为私密的休憩空间，包括三间儿童房、两间卫浴，以及一间功能完备的主卧，不仅内含淋浴、浴缸和双面盆的豪华卫浴，更善用长形过道区域，创造出优雅又实用的更衣室。

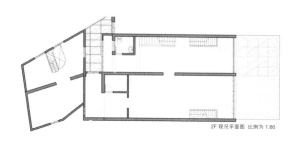

2F 现况平面图 比例为 1:80

图片提供 © 福研设计

Before

主卧被分割成靠窗的卧房区、长形的卫浴间、一间迷你更衣室，以及具有双边收纳柜的时尚过道。

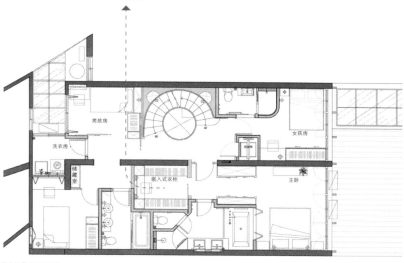

图片提供 © 福研设计

After

155

雾面玻璃隔间可透光。

图片提供 © 森境 & 王俊宏室内装修

更衣间设计

超能收

Case 01
畸零区化身更衣间

屋主需求 ▶ 对屋主而言，卧室不仅要有舒适的床，还要有大量衣物收纳及完备的阅读工作区。

格局分析 ▶ 由于空间不大，因此，先将临窗畸零区规划为更衣间，再利用后方定位为工作区，并避开床尾的大梁。

柜体规划 ▶ 床头后方工作区空间虽不大，但通过床头与书桌共享的框架灯柜可界定双区，并满足两边的照明与收纳需求。

好收技巧 ▶ 侧边更衣间采用雾面玻璃折叠门作为隔间，可让户外的光源间接进入室内。

好顺手

Case 02
推车收纳瓶罐，使用更便利

屋主需求 ▶ 希望梳妆与更衣空间能结合在一起。

格局分析 ▶ 主卧空间有条件规划更衣室，但同时还要让更衣室的采光透进就寝区内。

柜体规划 ▶ 沿着墙面规划 L 型衣柜，临窗面则是冂型桌面结合梳妆台功能，白天时光线仍可漫射至主卧。

好收技巧 ▶ 桌面侧边配有可完全推拉出来的保养品、彩妆品收纳小推车，便于使用各式瓶瓶罐罐。

图片提供 © 日作空间设计

挂衣架可暂时放置隔天继续穿着的衣物。

图片提供 © 摩登雅舍室内装修

抽屉和层板收纳，可以更整齐。

超实用

Case 03
高柜＋矮柜物尽其用

屋主需求 ▶ 男女主人衣物不少，希望有一个完整空间收纳衣服。

格局分析 ▶ 卧室内有多余空间，可沿墙与窗边设计更衣区。

柜体规划 ▶ 高柜采取开放式设计，矮柜则是封闭式设计，再将各种收纳方式融入，让衣柜功能满满。

好收技巧 ▶ 高柜内配置吊挂与收纳篮，矮柜则是抽屉与层板，可随衣物属性选择合适的收纳方法，充分利用柜体功能。

图片提供 © 明楼设计

好分类

Case 04
专属定制的好用收纳

屋主需求 ▶ 有大量的衣物收纳需求。

格局分析 ▶ 收纳柜左右分配，分别供男、女主人使用，行走动线顺畅。

柜体规划 ▶ 更衣室主要收纳男、女主人的衣物，因此收纳空间以一人一边做安排，方便配合各自的衣物类型，安排吊衣、拉栏、抽屉等收纳柜的形式与数量。

好收技巧 ▶ 收纳柜一律不再加装门片，方便屋主挑选衣服，至于内衣等贴身衣物，则收在隐私性强的抽屉里。

图片提供 © 明楼设计

不装门片方便拿取衣物。◀----

Case 05
床头隔墙巧妙划设更衣、梳妆空间

镜子后方藏有收纳柜。

屋主需求 ▶ 想要有大衣柜及可收纳保养品和彩妆品等瓶瓶罐罐的梳妆桌功能。

格局分析 ▶ 卧室面积还算充裕，但必须考虑功能配置是否会挡住光线。

柜体规划 ▶ 相比一般直接规划更衣间的做法，此处利用床头后方隔墙的设计创造出半开放更衣间，加上可获取充足光线的化妆桌，以及一侧沿墙而设的大面衣柜。

好收技巧 ▶ 除了有吊杆、抽屉这种收纳方式，在可移动镜子后方也预留可放置现成收纳柜的空间。

图片提供 © 日作空间设计

图片提供 © 界阳＆大司室内设计

玻璃中岛具有展示功能。

Case 06
宛如精品店的美化收纳计划

屋主需求 ▶ 拥有大量包包、衣服与珠宝首饰，更衣室需具备因应各种物品的收纳空间。

格局分析 ▶ 更衣室虽有足够的空间，但若要满足所有收纳需求，过多收纳柜可能会让空间变得狭窄。

柜体规划 ▶ 男、女主人有大量包包、衣服与精品收纳需求，因此采用中岛柜、层板形式解决包包与精品的收纳，需吊挂的衣物则以格栅结合钢锁设计，打造具穿透感的吊衣柜，减少封闭感，增加开放感。

好收技巧 ▶ 中岛柜最上层采用玻璃材质，方便屋主取用，同时也有展示作用。

多元收纳结构，
方便衣物分类。

图片提供 © 元司国际设计

Case 07
9坪也能有精品更衣室

屋主需求 ► 希望拥有书房、卧室与更衣室，并期望每个空间都能独立。

格局分析 ► 开放的主卧与书房、厨房区，接续厨房台面，且让大面书桌延伸转折形成斜切样貌，不仅区隔动线，也呼应墙面斜角元素，创造丰富的线条感。

柜体规划 ► 主要收纳集中于更衣室内的系统柜中，物品集中于此管理反而能减少箱柜数量，释放更多生活空间。

好收技巧 ► 更衣室内善用系统柜多元的收纳结构，整合抽屉、吊衣杆、领带格抽等，能够迅速将衣物分类、定位。

好分类

Case 08
两排柜墙区分吊挂、折叠衣物

屋主需求 ► 需要收纳量强大且便于选配服饰的更衣间。

格局分析 ► 利用床头后方的配置隔间柜墙与落地柜，隔出一个更衣室。

柜体规划 ► 柜墙底部的两排抽屉收纳折叠的衣服。靠墙处则配置开放式衣柜，上下吊杆可悬挂外套、裙子、裤子。

好收技巧 ► 吊杆以镀钛金属板凹折成冂型，凹槽内藏 LED 灯，为挑选衣物提供充裕的柔和光源，挑选起来更轻松。

不便折叠的衣物可
放在开放吊柜中。

图片提供 © 奇逸空间设计

底端的抽屉收纳
可折叠衣服。

图片提供 © 界阳＆大司室内设计

滑门设计节省空间。

多功能

Case 09
以颜色划分收纳功能

屋主需求 ▶ 满足更衣室收纳需求，并规划出化妆区域。

格局分析 ▶ 空间不足，但需要满足多种功能需求。

柜体规划 ▶ 以黑白两色做出收纳区隔，白色抽屉柜靠墙安排，由高到低配合上半部吊挂区衣物的长度，黑色开放柜则是用来收纳包包，一目了然，方便屋主取用进行穿搭。

好收技巧 ▶ 门片采用滑门设计，方便滑动又能减少门片开阖空间。

省空间

Case 10
从客厅"挖"一间更衣室

屋主需求 ▶ 老屋翻新，屋主愿意舍弃主卫浴，换一间拥有更衣室的宽敞主卧。

格局分析 ▶ 格局重新配置，主卧向公共区域借用部分空间作为内部的更衣室。

柜体规划 ▶ 决定公共区域的卫浴大小后，剩余空间让给主卧，规划一间迷你更衣室，深度只要有 1.4m 就能运用自如。

好收技巧 ▶ 更衣室搭配拉门，不用担心灰尘，设计柜深 60cm 的开放式衣架，系统柜层板可依需求调整，过道 80cm 深，方便回身。

图片提供 © 法艺设计

80cm 过道可轻松回身。

图片提供 © 甘纳空间设计

主要区分吊挂区、
抽屉两部分。

超实用

Case 11
动线流畅、可放大空间感的
更衣间

屋主需求 ▶ 希望能有完整的空间收纳衣物。

格局分析 ▶ 原有主卧的面积较小，难以规划更衣室，将主浴稍微缩小，并将洗手台移出，与更衣间相结合。

柜体规划 ▶ 就寝区域与更衣间、洗手台以一道矮墙界定，矮墙侧边依次连接整面衣柜收纳，动线更流畅，也具有开放延伸的视野。

好收技巧 ▶ 洗手台兼具梳妆台功能，右侧台面做内缩设计，可直接将使用频率最高的保养品置于此，上方柜体包含吊衣杆、活动层板，亦可依据需求弹性调整。

图片提供 © 甘纳空间设计

图片提供 © 相即设计

超激量

Case 12
用对材质，衣帽间也能大一倍

屋主需求 ▶ 实用型的衣帽间，让屋主收纳取用都方便。

格局分析 ▶ 较为窄小的空间，要设定为衣帽间，也要考虑收纳取用的便利性，设计师利用镜面设计让空间看起来大一倍。

柜体规划 ▶ 吊衣柜设计了开放式横杆，并安装了简易的照明，以及下方的收纳柜，让屋主能轻松看清楚自己的衣物并作选择。

好收技巧 ▶ 正因衣帽间较为狭长，设计师在下方的收纳柜上加上了滚轮，方便屋主轻易地将其从衣帽间推到卧室，进行整理与选用。

收纳柜加滚轮方便移动。

省空间

Case 13
善用空间，
在卧房旁规划一处更衣间

多种形式收纳满足
不同衣物。

屋主需求 ▶ 本身有衣物收纳需求，希望能有不一样的收纳设计，将各种衣服分类。

格局分析 ▶ 卧室内卧铺旁配置一处更衣间，利用穿透弹性拉门做区隔，不用担心开关门时影响过道。

柜体规划 ▶ 由于更衣间面积不大，在有限环境下规划了包含 4 桶身的更衣区，每一桶身面宽约 90cm、深度约 55cm，除了各季节穿的衣物，就连棉被等物品也能摆放。

好收技巧 ▶ 每一桶身的衣柜里，搭配了吊杆、抽屉等设计，满足各种衣物的收纳需求，就算大衣、one-piece 洋装等也有足够的空间摆放。

图片提供 © 洁室空间设计

图片提供 © 相即设计

镂空让光线穿透。

超激量

Case 14
床头背板整合衣帽间

屋主需求 ▶ 是儿童房但也希望有更衣间。

格局分析 ▶ 单面开窗的男孩房，设计师以简约的大地色系作为男孩房的主色调，床头后方设定为衣帽间和男孩收藏展示区。

柜体规划 ▶ 以床头背板作为衣帽间的开始，刻意的镂空设计让光线自然引入，也强调出空间的自然感。

好收技巧 ▶ 只要转个身到后方就拥有属于自己的衣帽区和收藏玩具车的展示区了，而走到底左转为卫浴空间，动线流畅无阻碍。

省空间

Case 15
利用过道，再小的卧室都能有衣帽间

屋主需求 ▶ 卧室空间不大，但又希望有高品质的衣帽间。

格局分析 ▶ 长型的卧室空间，廊道上的右方为卫浴空间。

柜体规划 ▶ 用布幔与玻璃，以及与地面相称的木皮打造一面收纳衣帽柜体，卫浴空间的墙面以玻璃布幔来强调出廊道的质感。

好收技巧 ▶ 简易的挂衣杆和大抽屉，在使用时转身面对玻璃就可以当镜面使用。

图片提供 © 白金里居空间设计

玻璃隔间兼具穿衣镜功能。

超能收

Case 16
独立更衣室各季节衣物都能收

屋主需求 ▶ 希望衣物收纳空间与数量均能大一些，也要将烫衣功一并配置。

格局分析 ▶ 由于空间宽敞，便配置出一间独立更衣室。

柜体规划 ▶ 独立更衣室的中间，配置了一座独立柜体，柜体的左右两侧内各有 10 层收纳抽屉；以独立柜为中心往四周延伸，为不同高度的吊挂式收纳设计。

好收技巧 ▶ 中间抽屉式收纳可摆放一些袜子、贴身衣物等，至于四周吊挂部分，则可用来挂不同季节、类型的衣物。

抽屉适合收纳袜子、贴身衣物。

图片提供 © 浩室空间设计

下层用抽拉更好用。

图片提供 © 摩登雅舍室内设计

好分类

Case 17
开放的 L 型更衣室，随手收纳更方便。

屋主需求 ▶ 十分注重家中整洁的屋主，希望将所有收纳做得非常完美，让物品各有所归。

格局分析 ▶ 沿着主卧梁下的畸零空间划出 L 型的更衣室，也让主卧变得方正。

柜体规划 ▶ 规划置顶收纳，一点都不浪费空间，依照伸手可及的位置分别设计吊衣杆和拉篮。

好收技巧 ▶ 无门片的设计让人一目了然，不易拿取的柜体下层选用拉篮方便抽拉，并分层收纳，衣物更容易归类。

衣柜 & 更衣间尺寸细节全在这儿

|提示 1|

系统板材尺寸应选 60 cm

化妆台、衣柜若采用全系统柜处理可省下不少预算并缩短工期，更能满足大部分收纳需求。需注意的是系统板材是否足够坚固，若一般木质层板为80cm，系统板材则建议做60cm，避免过度载重而变型。

|提示 2|

化妆台面设计 15cm 的小凹槽更好拿取

作为女性梳化一天妆容最重要的场所，为了配合其使用高度并照出使用者的上半身，镜面通常只会设计在离地85cm上下。面对高矮不一的化妆品，强制设定一个收纳高度反而不好使用，不妨在化妆台面设计一个高度 15～20cm的小凹槽，就能一次解决各类高矮化妆品的收纳需求了。

|提示 3|

床头柜宽 30～40cm 收棉被最好用

一般床头柜最好使用的宽度约 30～40cm，而高度需要配合床垫、床头柜、化妆台高度，通常为 60～70cm。除了上掀方式，正面开启可以降低高低差，拿取更方便。

|提示 4|

吊杆高度约在 190～200cm 左右

就现代衣柜最常见的240cm而言，若非特殊要求，多以吊杆不超过190～200cm 为原则，上层的剩余空间多用于杂物收纳使用，而下层空间则视情况采取抽屉或拉篮的设计，方便拿取低处物品。并且考虑层板耐重性，每片层板跨距则以不超过 90～120cm 为标准。

|提示 5|

衣柜深度为 60～70cm 左右

衣柜的深度至少需58cm，再加上门片本身的厚度约 2～3cm，开门式衣柜的总深度为 60cm、拉门式衣柜的总深度为 65～70cm（因为拉门多了一道门片厚度）。而在省略门片、强调开放式设计的更衣室中，则只要做到55cm的深度就好。

不同抽屉高度分类贴身衣物与毛衣

衣柜下层常用的抽屉规划，除了拉篮已有既定尺寸外，一般还是可以配合使用者的需求来做高度设计，常见约有16cm、24cm 和 32cm，分别适合收纳内衣裤、T 恤、冬装或是毛衣等不同衣物，变化性可以说是相当高。

|提示 7|

床头柜宽度约 160 ～ 190cm

床头后方的背柜容易随着梁柱厚度而改变柜体深浅，最常见的尺寸有：宽160 ～ 190cm，高 90 ～ 100cm。

|提示 8|

更衣室建议至少 2.5 坪

若想保持空间的顺畅且没有压迫的感觉，建议更衣室最少要留 1 ～ 1.5 坪的空间才够用，因此卧室至少要有 2.5 ～3 坪才能隔出一间更衣室。

图片提供 © 甘纳空间设计

Chapter

6

区域·浴室

浴室的瓶罐收纳设计以层架形式最利于拿取，也可以分隔层架收纳，当作装饰的单品陈列。如果不想暴露在外，建议将浴室洗手台上的镜子改为镜柜，这样就不会让全部瓶罐堆在桌面及台面显得杂乱。另外卫生用品（如卫生纸）可整合于靠近马桶的浴柜或墙面中，但若选择嵌入于墙面的设计，要特别留意收边和材质，才能使埋于墙面中的嵌入式设计达到美观又实用的功能。

Part 1 **浴室太小，台面好乱没得放**！

Part 2 **浴室不算小，可是想放脏衣篮、卫浴备品等，还要收得整齐**

浴室太小，台面好乱没得放！

＋ 格局设计关键

将原本的缺角处转化成收纳的一种

采取干湿分离设计的卫浴间，在淋浴处原本有一处缺角，经过部分填补后，留下的部分设计为收纳的一种，可用来摆放盥洗用的沐浴用品；至于洗手台处，则是依据洗手台宽度与深度，衍生出其他形式的卫浴柜，作为摆放毛巾、卫生用品等的置物区。

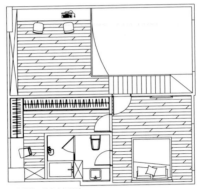

图片提供 © 浩室空间设计

Before

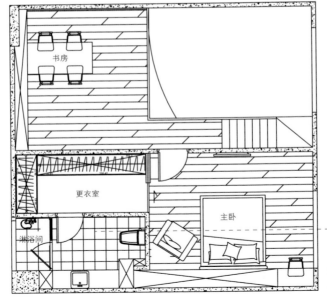

针对卫浴间里不同区域规划出合适的收纳设计方案，既能对抗特殊环境中的潮湿情况，也能将原本的缺角做最有效的运用。

图片提供 © 浩室空间设计

After

✚ 尺寸设计关键

收纳设计深度约 40～55cm，满足不同置物

淋浴区内的展示柜与墙面整合为一，但深度仍有 40cm 左右，可以收放沐浴、洗发用品等；洗手台区的浴柜深度约 55cm，中间为门片形式，两侧则是开放形式，柜体采用不落地设计，便于日后清理。

图片提供 © 浩室空间设计

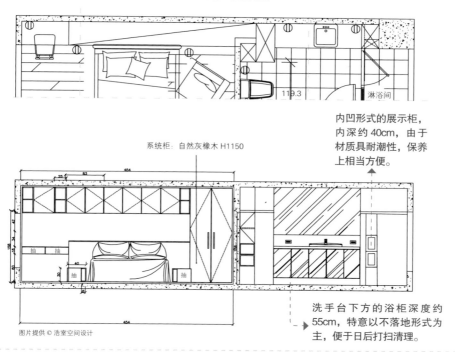

系统柜：自然灰橡木 H1150

图片提供 © 浩室空间设计

内凹形式的展示柜，内深约 40cm，由于材质具耐潮性，保养上相当方便。

洗手台下方的浴柜深度约 55cm，特意以不落地形式为主，便于日后打扫清理。

修整无用走道，扩大浴室功能

22 坪的小住宅原本隔间被切割得过于琐碎，而且产生许多浪费的过道，虽然有两间卫浴，但空间狭小难以使用。在屋主期盼保留双卫浴、希望回家能享受泡澡舒压的情况下，设计师将原两卫浴合并成主卧浴室，使其拥有完善的干湿分离配置，淋浴、泡澡两者皆备，并将零碎的过道重新规划为客浴。

通过原本两套卫浴空间的整合，加上房门的变更，放大主浴的面积与功能。

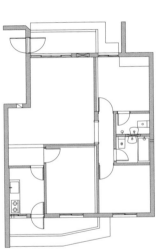

图片提供 © 实适空间设计

Before

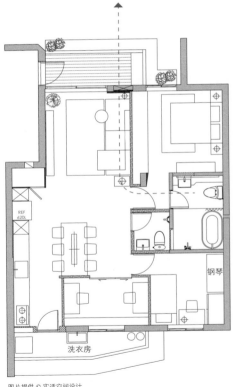

图片提供 © 实适空间设计

After

十 尺寸设计关键

半嵌面盆 + 斜切设计，争取舒适度

卫浴经过放大之后，利用长 194cm 的墙面设计整合梳妆功能的洗手台面，并特别选用半嵌式面盆，让台面深度控制在 40cm 左右，争取舒适的空间尺寸，台面刻意的斜切也可避免压缩与马桶之间的距离，同时搭配开放式层架、悬空设计，让空间有轻盈放大的效果。

图片提供 © 实适空间设计

内侧抽屉深度 26cm，左边专门放卫生纸，内部还可以多放 1～2 包，右边抽屉则用来收纳女性卫生用品。

面盆右侧下方的开放式层架宽约 44cm，主要用于放置洗衣篮。

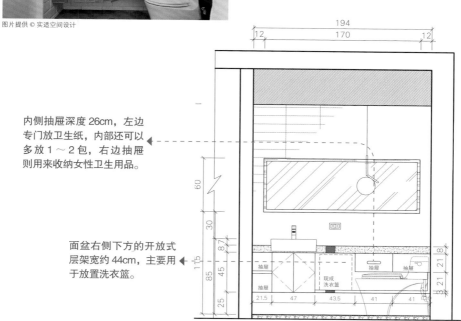

图片提供 © 实适空间设计

退缩隔间，扩大主浴空间

4室2厅的30余坪住宅，原主卧卫浴空间狭小，设备之间的动线相当局促、拥挤，然而屋主却渴望享有泡澡的功能，在家就能舒缓压力。于是设计师将主卧隔间稍微退缩，顺势拉大卫浴的空间，创造出四件式的完善配置。且变更为拉门形式，局部隔间选用长虹玻璃，对主卧来说更省空间。

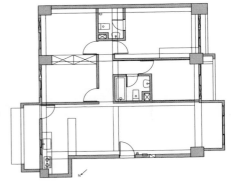

图片提供 © 实适空间设计

Before

利用隔间的位移扩增主卧的面积，创造淋浴、泡澡兼具的舒适条件。

图片提供 © 实适空间设计

After

悬吊、整合手法赋予丰富收纳

由于浴室隔间局部采用透光不透视的长虹玻璃，基本的浴柜收纳功能便利用铁件悬吊天花板的手法，规划出宽 65cm、高 60cm 的吊柜，吊柜不仅有开放式层架收纳，镜面后方亦是丰富的储物镜柜。有趣的是，为了赋予马桶倚靠所衍生的墙面，也巧妙发展出毛巾架、收纳架。

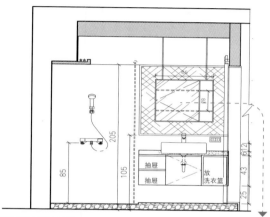

图片提供 © 实适空间设计

图片提供 © 实适空间设计

悬挂镜子也是镜柜功能，加上右侧的开放式层架，将瓶瓶罐罐收得干净利落。

作为马桶倚靠的 85cm 高墙面，上端以铁件规划出毛巾架，最下层也能摆放书本。

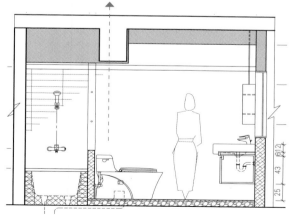

图片提供 © 实适空间设计

图片提供 © 实适空间设计

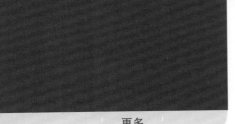

浴柜设计

超宽敞

Case 01
反射材质放大空间，弱化柜体存在感

屋主需求 ▶ 卫浴空间虽然不大，但基本收纳需求不能少。

格局分析 ▶ 空间不大，若柜体做满会显得过于拥挤。

柜体规划 ▶ 以深色为主的卫浴空间，选择在柜体表面贴覆镜面材质，借由反射效果放大空间。下柜在接浴缸门口处采用斜切设计，借此拉大出口处，化解出入的局促感；至于看似贴在墙上的镜子，也是拥有强大收纳量的收纳柜门片。

好收技巧 ▶ 下柜悬空除了能避免湿气，同时也方便清洁。

柜子悬空避免湿气。

图片提供© 界阳＆大司室内设计

好顺手

Case 02
平行门五金让浴柜更好开阖

屋主需求 ▶ 不喜欢台面放满盥洗用品，看起来会太凌乱。

格局分析 ▶ 格局方正的浴室，淋浴间外存在着凹字畸零结构。

柜体规划 ▶ 顺势利用凹字空间设计浴柜与洗手台，并加大镜柜尺寸，增加瓶罐的收纳量。

好收技巧 ▶ 最左侧 60cm 宽的镜柜采用平行门五金，当人站在洗手台前，无须往后退就能开启使用，且耐用性比铰链更好。

图片提供 © 日作空间设计

↓
开放式层架可收纳卫生用品。

最好拿

Case 03
柜体侧边开放，抽取更方便

屋主需求 ▶ 需有空间收纳卫浴用品及备品。

格局分析 ▶ 空间不足，无法规划太多收纳空间。

柜体规划 ▶ 利用剩余的空间安排柜体，并将柜体切分成封闭式收纳与侧面的开放式收纳，悬空设计可制造轻盈效果，同时避免湿气侵蚀柜体。

好收技巧 ▶ 挪出约 12 ～ 14cm 宽度，转向在柜体侧面设计成开放式收纳，方便收纳使用频率较高的物品。

离地 20cm 不受潮。
↑

图片提供 ©Z 轴设计

177

图片提供 © 瓦悦设计

利用浴柜后方深度安排毛巾杆，使用更方便。

Case 04
桧木浴柜散发自然芬多精[1]

屋主需求 ▶ 讲究实用性，希望浴室里的每一个物品都有专属的收纳空间。

格局分析 ▶ 浴室仅有一扇对外窗，必须保留其采光与通风性。

柜体规划 ▶ 采用屋主母亲最喜爱的桧木材质定制镜柜、面盆下的浴柜，浴柜门片线条展现日式风格，为避免遮挡采光，柜体特意往右设计。

好收技巧 ▶ 上方镜柜可收纳盥洗用品，使台面能维持整齐，右侧长型浴柜下方空间则可放置垃圾桶。

超好收

Case 05
畸零角落创造玻璃层架

玻璃材质层架可避免水气潮湿的问题。

图片提供 © 馥阁设计

屋主需求 ▶ 浴室小物能轻松收纳使用。

格局分析 ▶ 浴室与寝区使用磨砂拉门区隔，兼顾透光与隐私双重需求。

柜体规划 ▶ 镜柜尺寸加大，马桶侧边的畸零角落也规划为玻璃层架。

好收技巧 ▶ 洗面奶、牙膏、牙刷等小物皆可收于镜柜后方，沐浴露、洗发露等可置于玻璃层架上，遮挡凌乱。

---

① 一种由森林中高等植物的叶、枝杆、花朵等所散发的挥发性物质。为英文 Phytoncidere 的音译。

超美观 ## Case 06
双倍大镜柜满足盥洗、梳妆功能

屋主需求 ▶ 希望可以在浴室梳妆，避免一早出门打扰到另一半。

格局分析 ▶ 原本浴室包含了淋浴、浴缸，但夫妻俩对泡澡的需求不高。

柜体规划 ▶ 取消浴缸设备之后，将洗手台整合梳妆功能，以 L 型台面和转角柜打造而成，让女主人可以舒适地完成妆容。

好收技巧 ▶ L 型转折的两面镜柜赋予了极大的收纳量，右下的开放式层板也能搭配收纳篮摆放常用的毛巾、保养品等。

两面镜柜让瓶瓶罐罐收得更整齐。

图片提供◎邵声空间设计

牙刷、牙膏藏在拉门后。

图片提供© 奇逸设计

Case 07
克服小空间的收纳设计

屋主需求 ▶ 在空间不大的卫浴，尽量打造收纳空间。

格局分析 ▶ 偏向长型空间，为了动线顺畅，较难安排适当收纳。

柜体规划 ▶ 将收纳尽量往左右两边规划，左边除了上面的镜柜，在洗手台下方以开放式层架安排，专门收纳常用的毛巾等物品，右方则在入口处规划容量较大的柜体，另外将不锈钢钛金打造的长型双面柜嵌入墙面，让两边空间都能使用。

好收技巧 ▶ 薄型镜柜，右边特意留出四个展示方格，专门摆放展示品，镜面为横拉门，可收纳牙刷、药品等私人物品。

图片提供© 奇逸设计

| 二合一 | **Case 08**
浴柜整合梳妆保养收纳 |

屋主需求 ▶ 喜欢找朋友来家里聚会，周末会有多人使用客浴的情况，同时女主人也偏好站着化妆。

格局分析 ▶ 卧室、卫浴等私人区域安置于空间后段，前段大块区域则留给公共区域，并让客浴洗手台藏在书墙的后方。

柜体规划 ▶ 利用面盆柜上、柜下空间做收纳；镜柜可收纳大量的盥洗用品与保养用品等。

好收技巧 ▶ 洗手台尺寸放宽至约 120cm，右侧留白的台面就能先暂时放置保养品、化妆品。

开门式浴柜主要
收纳清洁用品。

图片提供 © 甘纳空间设计

Case 09
好拿取
不落地浴柜
跟潮湿发霉说再见

屋主需求 ▶ 个人保养品、洗澡时的衣物与毛巾等，有合适的摆放点同时不受潮湿干扰。

格局分析 ▶ 由于卫浴空间里还得摆放浴缸，仅能就既有空间衍生出收纳柜体。

柜体规划 ▶ 以洗手台为轴心，上方配置约18cm深的镜柜，便于摆放保养品，内部加设的透气五金也能将湿气排除；下方利用层板、门片做了收纳柜，中间可收纳打扫卫浴的用品，两侧则可摆放洗澡时的衣物、毛巾等。

好收技巧 ▶ 下方两侧为开放式收纳，利于洗澡后快速拿取毛巾擦身，且不落地设计也不用担心柜体会潮湿发霉。

开放收纳快速拿取毛巾。

超整齐
Case 10
物品各有所归，维持整洁台面

屋主需求 ▶ 女主人习惯在浴室做完保养程序，有放置化妆品和保养品的空间。

格局分析 ▶ 独立拉出洗手台，与更衣室通道齐平。台面上方以玻璃区隔，采光得以深入卫浴。

柜体规划 ▶ 为了防止水溅到收纳区，避免时间久了导致插座和美耐板有所损坏。台面刻意拉升约8cm用以挡水，有效延长柜体的使用寿命。

好收技巧 ▶ 右方的开放层架作为放置保养品的区域，下方则配置脏衣篮和拉篮，拉篮可放置漱口杯，物品各有所归，避免台面凌乱。

刻意拉高8cm
用以挡水。

图片提供 ©演拓空间室内设计

好拿取

Case 11
展示层架成为空间焦点

屋主需求 ▶ 较少使用的客浴空间，只需储备必需的卫生用品。

格局分析 ▶ 维持原有格局不变动。

柜体规划 ▶ 设置展示层架彰显屋主个性，下方加上间接光源打亮形成焦点。同时镜面配合层架深度顺势垫高，形成完整立面，让视觉更为整齐。

好收技巧 ▶ 为了避免起身时撞到层板，层板仅有 12cm 左右，可随意放置旅行纪念品或卫浴瓶罐等。

图片提供 © 演拓空间室内设计

12cm 深层板，避免起身时撞到。

拉篮下设计透气孔，可挥发水蒸气。

空间设计 © 演拓空间室内设计 摄影 © 刘士诚

超能收

Case 12
巧用五金，让物品整齐归位

屋主需求 ▶ 希望能把所有的卫浴用品都收纳整齐。

格局分析 ▶ 将卫浴隔间稍微外移，扩大主浴空间，让坐轮椅的长者也能自由进出。

柜体规划 ▶ 台面下方除了设计收纳卫浴备品的空间外，也另外设置了脏衣篮，方便放置脱下的衣物。而上方则设计了镜柜，九宫格的设计让各种小物品都能各归其位。

好收技巧 ▶ 选用厨房常见的拉篮设计作为浴柜使用，可放置漱口杯和牙刷，台面可维持整洁。拉篮宽度建议在 15～20cm，深度约在 58～60cm，拉篮下方则建议设计透气孔，加速水蒸气散逸。

Part 2

浴室不算小，可是想放脏衣篮、收纳更多卫浴备品等，还要收得整齐

+ 格局设计关键

宽台面搭配浴柜，收纳功能大升级

位于过道旁的公共卫浴间除了在门口有遇梁的问题，空间格局算比较大的，足以规划干湿分离的淋浴间与双面盆的大台面，同时可利用台面下方与角落处设置浴柜。而马桶区则置于大梁下方，让空间高度的干扰问题降至最低。

图片提供 © 明代设计

Before

图片提供 © 明代设计

After

考虑到大梁问题，先将较不受屋高影响的马桶与右侧面盆规划在近梁处，避免淋浴区与浴室有压迫感。

230cm 大台面展现
星级饭店格局

将 310cm 的浴室面宽配置出 230cm
的双面盆大台面，下方则可规划浴柜，
让公共浴室可同时供双人洗漱，一旁
还有吊灯来强化照明；而角落的高身
柜则可放置干毛巾、卫生纸等物品，
加上门柜可收纳衣物、分类污衣等，
相当方便。

图片提供 © 明代设计

角落 45cm 深的吊柜，或台面
下 50cm 深的浴柜均采用悬空
设计，以降低柜体量感，也让
出更多用地放大空间感。

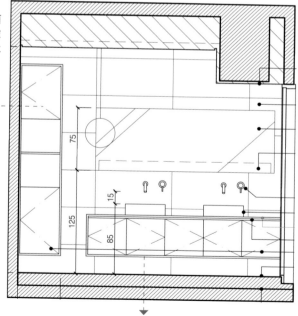

图片提供 © 明代设计

230cm 的双面盆大台面设计，
供双人同时使用。

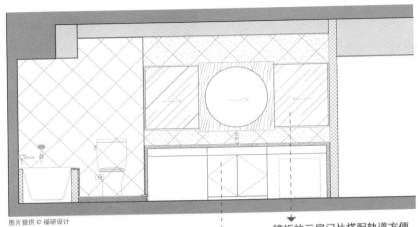

图片提供 © 福研设计

浴柜深度 60cm，结合面盆做一体性的设计，规划 12cm 高的抽屉，中间为管道位置，下侧左右皆镂空，用来放椅子和脏衣篮。

镜柜的三扇门片搭配轨道方便拉开始用，采用镜面的材质创造出反射效果，不规则格局的卫浴瞬间放大了。

✚ 尺寸设计关键

薄型镜柜 20cm 深就够

在卫浴墙面原有的凹槽处，设计了长约 2.8cm、深度 20cm 的镜柜，内部以层板隔开，方便摆放各种瓶瓶罐罐的保养品和沐浴用品，具备完善的收纳功能之外，搭配下方浴柜的镂空设计，让女主人可在盥洗前后，坐在椅子上悠闲地对着镜子卸妆或做皮肤保养。

图片提供 © 福研设计

✚ 格局设计关键

蜿蜒切格局，打造高效率卫浴

进门后，左侧长条形区域重新被分隔出公共区域使用的次卫浴、兼具淋浴和浴缸的豪华主卫浴、衣帽间以及内含阅读区的主卧。次卫浴的门为推拉门，极致的 Z 型格局里让洗手台、马桶和淋浴各据一方；后侧的主卫浴同样分割成三部分，各尽其用，既便利又不浪费空间。

进门后，将客浴、主卫浴和衣帽间整合在同一区域，看似不规则的空间，却因厕所与浴室的巧妙分割，功能完备又实用。

原始平面图 比例为 1:60
梁 =220cm
天花高度 =272cm

图片提供 © 福研设计
Before

图片提供 © 福研设计
After

活动拉篮方便分类。

图片提供 © 森境 & 王俊宏室内装修

浴柜设计

好分类

Case 01
大台面搭配活动拉篮更好用

屋主需求 ▶ 崇尚自然的年轻家庭,希望卫浴间有广阔视野与宽适空间,同时要有完整收纳区。

格局分析 ▶ 落地窗外的无敌景色是整间浴室的最大优势,大而宽敞的格局则有助于功能规划。

柜体规划 ▶ 加大大格局的主卧浴室,特别将台面加长来配置面盆与镜面,同时也创造出更多桌面空间,提升置物功能和使用率。

好收技巧 ▶ 台面下设计大量浴柜来满足收纳需求,为了方便取放,采用活动式抽拉篮,这样也容易分门别类。

Case 02
不锈钢浴柜轻薄不怕湿

超耐用

图片提供 © 奇逸设计

屋主需求 ▶ 卫浴需兼顾舒适、实用与清新风格。

格局分析 ▶ 格局方正的卫浴间，以半墙、透明玻璃隔出干湿分离区。

柜体规划 ▶ 左半侧以不锈钢打造层板，同材质并延伸至淋浴区转为横架，可摆放各式沐浴用品。

好收技巧 ▶ 高级不锈钢无畏湿气，且能打造轻薄的量体。

不锈钢横向架子可摆放各式沐浴用品。

柜体可收纳毛巾及各式备品。

图片提供 © 奇逸设计

Case 03
与石材呼应的沉稳柜体设计

收最多

屋主需求 ▶ 卫浴空间需具备基本收纳需求。

格局分析 ▶ 除去淋浴空间外，仍有足够的空间可安排柜体。

柜体规划 ▶ 利用石材的转折，打造出洗脸台面，也借此框出收纳柜的位置。为收纳便利，以对开门规划抽屉。

好收技巧 ▶ 墙上大的圆形镜面其实也是有收纳功能的镜柜，镜面特意采用圆形设计，增添视觉美感。

毛巾和备品柜在门
后有专属收纳柜。

二合一

Case 04
浴柜整合梳妆保养收纳

屋主需求 ▶ 面积有限，希望能在浴室保养，同时需要容纳洗衣机。

格局分析 ▶ 原本浴室的空间狭小，将卧室、浴室的入口动线调整后，浴室将变得更宽敞。

柜体规划 ▶ 浴柜延伸，放大整合梳化的功能，门后更配有毛巾及备品收纳柜。

好收技巧 ▶ 局部开放层架可收纳毛巾、保养品等生活用品。

图片提供 © 尔声空间设计

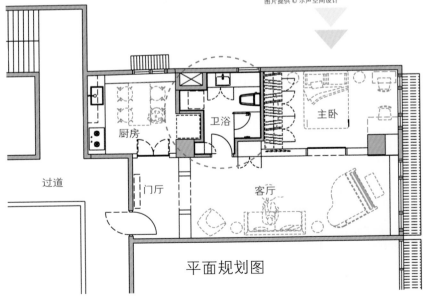

厨房

过道

卫浴

主卧

门厅

客厅

平面规划图

收最多 Case 05
柜体、镜柜延伸容量增一倍

屋主需求 ▶ 夫妻俩对于设计的接受度很强，希望能拥有如饭店般质感的浴室。

格局分析 ▶ 主卧卫浴空间宽敞，以"回"字形动线安排淋浴、马桶与泡澡浴缸，形成自在无拘束的使用模式。

柜体规划 ▶ 过道台面延伸入内，成为双洗手台与梳妆台，无形中也更延展开阔了空间尺寸。

好收技巧 ▶ 过道部分的 28cm 柜体因深度较浅，适合收纳卫生纸或沐浴备品，台面下则搭配抽屉、开门式柜体，让屋主弹性分类使用。

抽屉可收干净的毛巾、浴巾。

图片提供 © 甘纳空间设计

门片设计使收纳更整齐。

图片提供 © 摩登雅舍室内设计

好分类 Case 06
利用浴室入口设置毛巾柜

屋主需求 ▶ 希望能规划出毛巾的置物空间。

格局分析 ▶ 选择从入口处规划置物柜，以求不破坏格局完整性。

柜体规划 ▶ 浴室前转角梁下配置了顶天立柜，也成功消除了横梁的突兀感。

好收技巧 ▶ 柜体一半开放一半封闭，开放处可以放展示品，封闭处则用来收纳毛巾等物品，清楚区分不担心会弄错。

悬吊镜面更显轻盈。

好宽敞

Case 07
独立梳妆台和洗手台，塑造饭店顶级质感

屋主需求 ▶ 作为度假的房屋，以饭店式的舒适设计为主要诉求。

格局分析 ▶ 空间面积足够的情形下，独立设置洗手台，并与梳妆台整合。两侧不做满，形成双向过道方便进出。

柜体规划 ▶ 悬吊镜面的设计除了不显压迫之外，中央留出的缝隙也可让人适时观察入房动态。

好收技巧 ▶ 由于为度假房屋，无须太多收纳设计，下方仅设计置放化妆品和保养品的空间，并能放置卫生备品，深度约为 35cm。

卫生纸就收纳于此，便于取用。

图片提供 © 陶玺空间设计

 超好收

Case 08
顺应功能、环境，创造不同的收纳设计

屋主需求 ▸ 希望卫浴空间中的功能性家具旁，都能配置对应的收纳设计。

格局分析 ▸ 卫浴间内设有浴缸、马桶、洗手台等，顺应这些功能与使用动线，安排了不同形式的收纳柜与层架。

柜体规划 ▸ 邻近马桶区域的柜体深度约40cm，卫生纸等都能收纳进去，也便于取用；至于洗手台下方的柜体深度约60cm，除了可摆放牙膏、牙刷备品外，还可以放置清洁卫浴用品。

好收技巧 ▸ 依据拿取物品方式，做了开放与封闭形式的柜体设计，除了提升方便性，也避免卫浴内的水蒸气直接影响生活备品。

活动梳妆椅方便移动。

超好收 多功能

Case 09
主浴扩充，纳入独立梳妆台

屋主需求 ▸ 在空间有限的情况下，女屋主希望能另外设置独立的梳妆台。

格局分析 ▸ 退缩主卧空间，扩大主卫浴，拉长空间深度。顺应洗浴动线，向内一路配置洗手台、马桶和淋浴间。

柜体规划 ▸ 过道两侧分别设置浴柜和梳妆台，台面侧墙内凹，常用的盥洗用品就能收纳完整。梳妆台另设吊柜，让收纳更为充足。

好收技巧 ▸ 梳妆台面约有50cm，加设抽屉便于收纳零散物品。梳妆椅采用活动式设计，方便推拉，不占过道，椅子本身也有抽屉，有效扩充收纳空间。

图片提供 © 摩登雅舍室内设计

Column

浴柜尺寸细节全在这儿

| 提示 1 |

浴柜台面建议离地 78 cm

　　纵观所有的柜体设计，一般可作为工作台面的书桌、料理台或是浴柜台面，多建议设计到 60 cm，才是最佳使用深度。虽然如此，浴柜终究不像料理台、衣柜等牵涉许多固定尺寸，到底柜面要做到多大呢？还是要依照自家脸盆大小来进行适度调整。整体高度则约离地 78cm。

| 提示 2 |

镜柜深度多为 12 ～ 15cm

　　不同于化妆台多是坐着使用，卫浴镜柜因使用时多是以站立的方式使用，镜柜的高度也随之提升。柜面下缘通常多落在 100 ～ 110cm，柜面深度则多设定在 12 ～ 15cm，收纳内容则以牙膏、牙刷、刮胡刀、简易保养品等轻小型物品收纳为主。

| 提示 3 |

毛巾架深度多在 7 ～ 25cm

　　如果选择将毛巾架放置在马桶上方，放置的高度建议在 170cm 以上，如果是设置在过道旁，多半是选用深度较浅的毛巾架，过道宽度也至少要留 60cm以上。

| 提示 4 |

抽屉式浴柜要留 50 ～ 65cm 的宽度

　　如果马桶和洗手台成 L 型配置，浴柜本身要注意开启的方式是否会卡到马桶，通常浴柜的深度是 50 ～ 65cm，所以拉出时也须留有 50 ～ 65cm 的宽度才行。

| 提示 5 |

浴柜内部层板高度约 25cm

　　浴柜多半以收纳沐浴品、清洁用品和卫生品为主，依照瓶罐高度，可设计 25cm 上下的层板来收纳。如果想再收纳得更细致，例如梳子、牙刷等尺寸较小的物品，建议选用抽拉盘设计，高度约为 8 ～ 10cm。

区域·储空藏间

想要有完整区域专门收纳所有物品，并非一定要做一间储藏室。从畸零或过道处找空间，用木材规划一个储藏柜，再结合门片设计，也兼具储藏室功能。而不论是储藏室还是储物柜，皆可利用能调节高度的活动层板设计，视物品尺寸调整高度、分层收纳，常用的放中间层，使用频率越小越往上层放，除湿机、吸尘器等家电则放在最下层，方便拿取。

Part 1

东西散落在角落好杂乱！
面积小也能有储藏室吗？

主墙作 45° 旋转，变出大储藏室

30 年略显狭长的老屋格局，因客厅比例稍大、次卧与餐厅空间又过小，因此决定微调格局来改善，且利用格局调整时将客厅轴向旋转 45°，让客厅距离缩短、面宽加长。此外，大门旁顺势让出一间三角形储藏室，为原本没有玄关的空间增加收纳功能。

图片提供 © 耀昀设计
Before

利用电视主墙45°旋转设计，让生活格局变得活跃，也创造出更多收纳空间。

图片提供 © 耀昀设计
After

✚ 尺寸设计关键

储藏室高达 208cm，
活动柜超能装

客厅另起斜向主墙后，自然形成一处可进入的三角储藏室，利用内部墙面规划两座总宽 210cm、高 208cm 的墙柜，不仅收纳量惊人，而且在柜内采用活动隔板，屋主可以随着物品的大小来调整柜高，相当实用方便。而角落区则让出空间给电视墙作电器收纳柜。

图片提供 © 耀昀设计

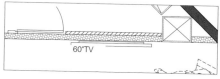

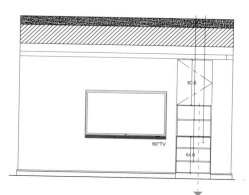

电视主墙右侧设计有内嵌的电器柜，上下采用门柜与抽屉柜设计，至于中段则作展示柜，兼具装饰与实用功能。

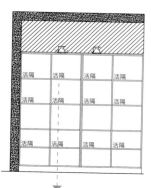

几乎是全墙面的柜体不仅容量大，加上其中三层采用活动隔板设计，让大小物品都能各得其所。

有限空间下，硬是变出一间储藏室

虽然面积仅 9 坪大，仍选择在空间中配置出一间储藏室。并结合"内收"概念，将楼梯的畸零空间一并整合，使区域不只收纳屋主的生活衣物，相关的大型物品也能放置其中，收纳区域变得更完整，也让空间发挥出最大效益。

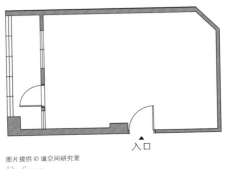

图片提供 © 遥空间研究室
Before

善用内收设计，先是将卧铺内嵌于楼层板中，而楼板下方则又将楼梯的畸零区一并内收整合，进而形成一处完整的储藏空间。

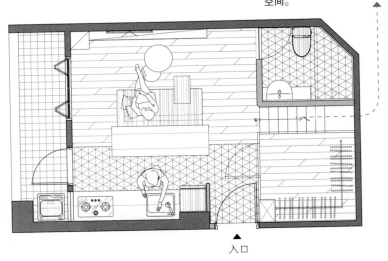

入口

图片提供 © 遥空间研究室
After

十 尺寸设计关键

置物盒让畸零收纳更有效率

利用镀锌板建构出 7 个阶层的楼梯区域，整体高约 1.99m、宽约 1.6m，在这个阶梯空间中，可依序放入不同高度、尺寸的活动式置物盒或收纳篮来进行摆放，充分利用每一寸空间之余，收纳也更具弹性。

图片提供 © 遥空间研究室

尺寸设计

格局设计

木皮封版　镀锌板楼梯
骨架　　　床垫　　楼梯下方储物空间

楼梯所衍生出的收纳空间，除高度均一致，为顺应这样的特色，以置物盒搭配方式让收纳更有效率。

由于置物盒、收纳篮有不同尺寸，可借由不同形式的组合搭配，充分发挥畸零地的空间利用率。

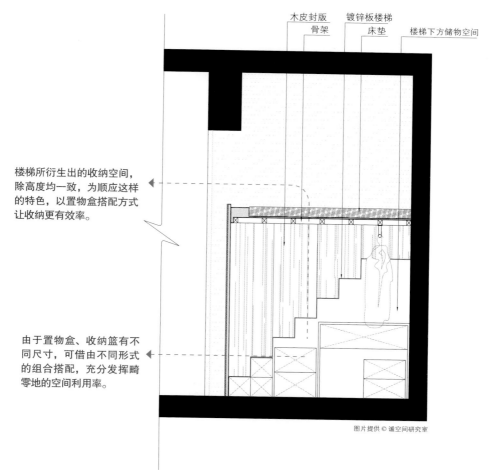

图片提供 © 遥空间研究室

储藏室设计

零浪费

Case 01
时尚有型的储藏空间

屋主需求 ▶ 一家三口需要收纳的东西还真不少，希望能有储藏室收纳大型家电。

格局分析 ▶ 因为要重新配置格局，鞋柜后方多出的畸零空间则顺势设计成储藏室。

柜体规划 ▶ 储藏室不仅位于入口与厨房的生活动线上，方便收纳清扫，门片更隐藏于清水模与深色线条交织的墙面之间，十分时尚。

好收技巧 ▶ 储藏室因常放置清扫具与大型家电，设置在生活动线上好拿又好收。

图片提供 © 青域设计

↓
储藏室藏在清水模墙内。

收最多

Case 02
直墙放宽，变为梯形大储藏室

屋主需求 ▶ 屋主想要多功能娱乐休闲区，同时要有大收纳空间来维持空间整洁。

格局分析 ▶ 因有超低大梁及收纳需求，决定将休闲区与客厅间的隔间墙加大为梯形储藏室。

柜体规划 ▶ 右侧平直的隔间墙与客厅斜向电视墙形成梯形格局，在窗边深达145cm 宽，除增加收纳量，电视墙也因打斜而变宽。

好收技巧 ▶ 左墙规划整排悬吊柜体，局部悬空以镜面材质装饰，创造轻盈度与延伸感，而门柜则便于小物品的收纳。

图片提供 © 耀昀设计

利用隔间墙加大为储藏室。

图片提供 © 白金里居设计

省空间

Case 03
内嵌墙面的小储藏室

屋主需求 ▶ 希望能有放置大型居家用品、行李箱的空间。

格局分析 ▶ 原有空间切割零碎，每个区域都显得狭小。

柜体规划 ▶ 收藏柜内嵌墙面，门片以大干木皮贴饰，高 240 cm、深80cm，能收纳 3 个行李箱及防潮箱、除湿机、吸尘器。

好收技巧 ▶ 以三层柜方式将大型居家用品做立面收纳。

内嵌墙面不占空间。

高 240cm、深 80cm，可收纳 3 个行李箱及打扫用具。

Case 04
超美观
电路图装饰男孩专属储藏室

屋主需求 ▶ 需要有空间放置球类、手套、帽子等运动相关用品。

格局分析 ▶ 原为客厅的三角阳台，改为男孩房后则规划为小储藏室使用。

柜体规划 ▶ 在墙面与储藏室门片上用蓝底白线条绘制电路图概念装饰，让门片隐形，强化整体视觉。

好收技巧 ▶ 利用固定式层板摆放行李箱、球类、手套，并利用窗户与墙之间的局部空间吊挂帽子。

蓝白彩绘门片，使门片隐形化。

图片提供 © 馥阁设计

利用小角落规划储藏室，好收纳也不会浪费空间。

图片提供 © 实适空间设计

Case 05
省空间
小角落就能创造好收的储藏室

屋主需求 ▶ 室内面积为 22 坪，想要有独立的储物空间放置杂物。

格局分析 ▶ 原格局切割较为零碎，且有许多难以利用的角落或过道，电视墙的长度也略短。

柜体规划 ▶ 为了拉大电视墙的尺寸，延伸的 75cm 宽度正好可巧妙设计出储藏室，动线处于公共厅区的汇集处，使用上也很方便。

好收技巧 ▶ 储藏室深度约 125cm，最内部规划层板，靠近门边的地方可直接收纳除湿机、吸尘器。

拍拍手门片，不用
预留门片开启空间。

图片提供 © 明楼室内装修设计

Case 06
畸零空间变储藏室

屋主需求 ▶ 希望能有一间置物间，完整
摆放生活用品。

格局分析 ▶ 玄关与客厅的中间刚好有多
出空间，可善加利用。

柜体规划 ▶ 玄关、客厅之间利用畸零空
间规划一个储藏柜。

好收技巧 ▶ 门片加装了拍拍手设计，既
不用特别预留门片开启位置，也能强化
平滑表面的柜体。

图片提供 © 明楼室内装修设计

储藏室位于白色墙面内。

图片提供 © 明代室内设计

Case 07
仿墙的门片让储藏室隐形

屋主需求 ▶ 希望拥有干净的空间感。

格局分析 ▶ 正朝玄关的墙面后方为卫生间与大柱子，在过道侧构成畸零空间。

柜体规划 ▶ 畸零凹处封上一道与墙、柜同色、同材质的门片；收起立面的同时也顺势构成储藏室。

好收技巧 ▶ 舍弃了装设隔板或置物架的方式，可让屋主放置旅行箱等大件物品，运用更自由。

Case 08
运用畸零空间储藏收纳

屋主需求 ▶ 家中的大型物品与换季衣物、行李箱等需要储藏室收纳。

格局分析 ▶ 推开大门，右侧即有因梁柱形成的畸零空间，无法利用。

柜体规划 ▶ 将室内的畸零空间打造为储藏室，可收纳一般收纳柜不好收纳的清扫用具与大型行李箱等。

好收技巧 ▶ 储藏室做有深90cm的双面层板柜，上方外露于餐桌旁，可收纳展示杯碗瓢盆，下方则可收纳杂货。

内有储藏室，小空间超实用。

图片提供 © 澄橙设计

<table>
<tr><td>超实用</td><td>

Case 09
秒收双人推车的储藏室
</td></tr>
</table>

屋主需求 ▶ 存在双胞胎推车和猫咪推车的收纳问题，特别是双人推车尺寸较大，希望可以有收纳空间。

格局分析 ▶ 原本进门就是餐厅、一字型厨房，没有任何玄关的功能，甚至有开门见灶的状况。

柜体规划 ▶ 利用入口与结构柱之间创造储藏室、电器柜以及鞋柜等各式收纳空间，并运用一致的木皮染色做柜体、门片面材，形成犹如一道墙般的隐形效果。

好收技巧 ▶ 储藏室深度约有 2m 多，打开门片就能直接将推车推入收纳，内部搭配开放层板，好收好拿。

储藏室外还有衣帽柜可放外套、包包。

图片提供 © 尔声空间设计

蓝色门片内有储藏室。

图片提供 © 白金里居空间设计

<table>
<tr><td>多功能</td><td>

Case 10
收纳梯间通道隐藏储藏室
</td></tr>
</table>

屋主需求 ▶ 老屋改造，要使一家人的物品足够收纳，光线也要充足。

格局分析 ▶ 这是一间透天老屋，狭长型格局让光线和动线都不佳，设计师运用透光度高的材质（如玻璃），并用铁件保持楼梯轻盈感，让光线进入。在一楼通往二楼处设计书房，并有层次地在墙面上做出简单的书柜，再刷一片蓝色门房，中间其实有女儿的卧室和暗门的储藏室。

柜体规划 ▶ 书房的收纳以墙柜为主，加上光带呈现阅读空间的安静氛围。

好收技巧 ▶ 暗门内的储藏室能提供屋主完整的非常用物品的收纳空间，且门一打开光线也不错，让储藏室并非阴暗潮湿。

Part 2

真的没办法做出储藏室，
难道只能望"物"兴叹？

+ 格局设计关键

摩登品味的主墙柜翻转格局

先天格局虽有独立玄关，但长度稍短，加上
客厅与玄关交接处有一根大梁，因此，利用
沙发后方的梁下空间规划一座复合式墙柜，
一来以柜体侧面增加玄关长度，二来用柜体
厚度虚化大梁的畸零感，最重要的是还可为
客厅增加实用又具摩登风格的主墙柜。

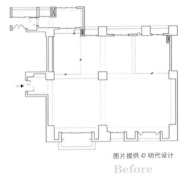

图片提供 © 明代设计

Before

图片提供 © 明代设计

After

以柜门包覆大梁，再
搭配内建光源，让主
墙柜呈现出向上延伸
的视觉效果，让屋高
产生拉升的错觉。

85cm 柜深消除了大梁压迫感

宽达 494cm 的墙柜为了能完全遮掩大梁，必须以 85cm 的深柜做设计，且利用加高的柜体门片来拉伸屋高感；至于柜内配置，则以部分开放层板、部分胡桃木皮门柜设计，展现超大容量外，橱柜本身的造型也卓越出众，搭配具弧度的沙发配置，更显过人品味。

图片提供 © 明代设计

主墙柜左侧临阳台处，设计师顺势利用畸零空间规划了一座隐藏式高柜，木皮柜门也让空间有放宽感。

柜内层板与背板用栓木皮染成铁灰色调，搭配粗犷的北美胡桃木皮门，完美地将自然元素融入都市品位中。

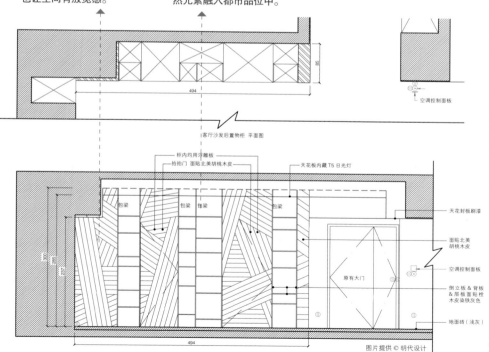

图片提供 © 明代设计

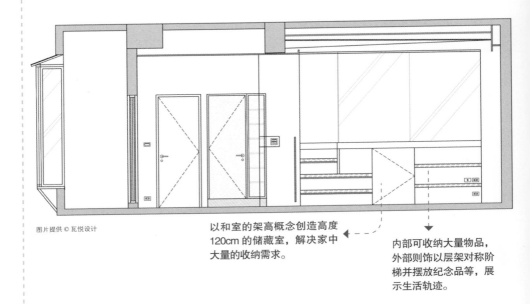

图片提供 © 瓦悦设计

以和室的架高概念创造高度 120cm 的储藏室，解决家中大量的收纳需求。

内部可收纳大量物品，外部则饰以层架对称阶梯并摆放纪念品等，展示生活轨迹。

✚ 尺寸设计关键

架高 120cm 储藏空间

家中做再多的柜体都常常觉得不够用，但打开柜子又会发现有许多空位，这是因为没有针对家中的物品进行检视，且许多大型的家具也无法放入收纳柜中，这时候就需要有储藏空间，运用架高和室概念在房间下方设置储藏柜，不仅解决了收纳需求，也更增添如同精品屋的设计感。

图片提供 © 瓦悦设计

✚ 格局设计关键

转向架高更符合居住需求

仅 16.5 坪大的空间要住进一家三口，除了夫妻
与女儿的房间还有书房兼客房的需求，因此设
计师将客厅转向，顺势挪出书房空间，沙发座
位也因此加长。而考虑到三人生活的收纳需求，
加上屋高 4m 的优势，设计师将女儿房架高，
其下方作为储藏空间。

图片提供 © 瓦悦设计

Before

设计师将客厅转向，让出
书房兼客房的空间，沙发
座位也因此增加。

图片提供 © 瓦悦设计

After

储
物
柜
设
计

图片提供 © 青域设计

↓
下方收纳比较重的电器。

省空间　　**Case 01**
　　　　　　全家收纳整合一处

屋主需求 ▶ 喜欢现代简约的风格，不希望太多柜体影响整体的简单呈现。

格局分析 ▶ 为强调空间的简约性，客厅以大理石墙作为电视墙面，并把公共区域的收纳整合至餐厅区域。

柜体规划 ▶ 柜体采用系统柜结合木工，采用不规则的几何门片，加上局部镂空与灯光点缀，显得气势十足。

好收技巧 ▶ 收纳物品的准则以方便拿取为第一优先，上方放置较轻又不常使用的物品（如换季衣物等），下方则可以收纳较重的电器。

零浪费

Case 02
几何造型丰富设计

屋主需求 ▶ 希望家中有和室空间作为客房使用。

格局分析 ▶ 室内空间窄小又有太多隔间，导致环境太过昏暗，设计师改以玻璃作为区隔来通透光线。

柜体规划 ▶ 架高约 40cm 的和室，平常作为书房与客房使用，几何设计上掀盖下方可收纳家中生活物品。

好收技巧 ▶ 一般上掀式收纳常因门片厚重不好使用，这里运用吸盘不仅可轻松掀盖，地面也更为平整。

图片提供 © 瓦悦设计

吸盘开阖方式，
轻松拿取。

架高 90cm 变出储藏空间。

图片提供 © 瓦悦设计

收最多

Case 03
架高 90cm 更好收纳

屋主需求 ▶ 希望公私区域能明显区隔，并能增加收纳空间。

格局分析 ▶ 仅有 13 坪大，为了生活居住的舒适度，不适合再增加收纳柜体。

柜体规划 ▶ 将主卧架高 90cm，并利用下方做出完整的储藏空间，解决家中的收纳需求。

好收技巧 ▶ 沿着客厅而设的主卧架高储藏室，邻近生活主要动线，使用更为方便。

Case 04
和室就是收纳百宝室

屋主需求 ▶ 一家五口里，三个孩子都需要有独立的房间，但空间有限且有大量的储藏需求。

格局分析 ▶ 此空间采光不佳，与其规划成一般的房间，架高和室设计是极佳的替代方案。

柜体规划 ▶ 左侧以系统柜分割出开放式层板、抽屉和封闭式衣柜等不同的收纳区域。右侧以五斗柜搭配木质书桌，下缘空出架高部分供孩子坐着休息。

好收技巧 ▶ 和室沿壁面设浅柜，深度留 20cm 即可当床头柜使用，在上面或内部收纳小物。利用和室下方空间做收纳空间，前端为抽屉，可直接从和室外侧拉开。

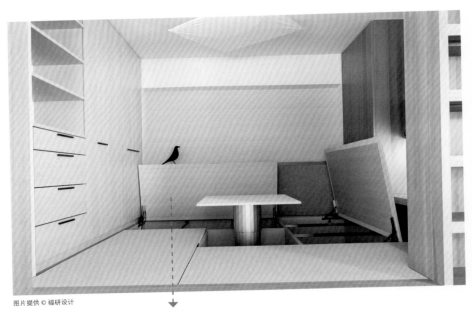

图片提供 © 福研设计

↓
20cm 浅柜可当床头柜。

省空间

Case 05
梁下与结构柱化身储物柜

屋主需求 ▶ 对于整理这个额外要求，期待有更多的储藏空间。

格局分析 ▶ 主卧存在结构柱以及大量其他问题。

柜体规划 ▶ 利用梁下、结构柱体发展出如造型墙面的收纳空间。

好收技巧 ▶ 收纳柜墙深度约 50～60cm，以不同比例的高度、宽度分割，并依据使用高度区分上掀、下掀和侧掀。125cm 以上是上掀，更符合人体工学，下掀门片亦可充当暂时的置物平台。

图片提供 ©FUGE 馥阁设计

枕头后方高度和宽度分割比例为 80:107 时，倚靠更舒适。

柜墙同时也整合了鞋柜。

收更多

Case 06
斜角大收纳柜释放空间感

屋主需求 ▶ 想要有多一点的收纳功能，但又需保留三室的格局。

格局分析 ▶ 入口和客厅有深度不一的柱体及大梁的存在。

柜体规划 ▶ 从入口玄关到沙发背墙一路安排或深或浅的柜体，刻意退缩的斜角置入隐藏式收纳柜，让过道保持宽阔舒适。

好收技巧 ▶ 有如一道 V 型的大收纳柜，适合收纳大型家电用品或行李箱，左右两侧则分别是鞋柜和书柜。

图片提供 © 甘纳空间设计

Case 07
善用高低差创造超强收纳

屋主需求 ▶ 作为客房需求的空间，希望能有完整的功能，为来此居住的友人提供更强的放松感。

格局分析 ▶ 长形空间以最简易的高低差打造床铺与地面之间的分隔。

柜体规划 ▶ 地面高处为床铺与升降桌，提供屋主或友人打麻将或烹茶小憩。而床头墙其实是书桌的背墙，还可作为工作桌的台面，实现两用功能。而一旁收纳柜体设计简单，让屋主使用方便。

好收技巧 ▶ 在不需要升降桌台面的时候就将其隐藏起来，让客房变得更为宽敞。

桌面可升降隐藏。

图片提供 © 相即设计

卧榻也是丰富储藏区。

图片提供 © 白金里居空间设计

Case 08
卧榻兼具休憩与储物功能

屋主需求 ▶ 身为医生的屋主希望空间是完整的休闲风格，看不见收纳，通通将物品藏起来。

格局分析 ▶ 开放式的客厅、餐厅与厨房，仅以一道电视墙作为空间区隔。

柜体规划 ▶ 在这空间中几乎看不到收纳展示，其实设计师将其藏在卧榻区底下、电视墙下方以及餐桌后方。通过全隐藏收纳，再利用像天井般的灯具，彻底营造度假的空间氛围。

好收技巧 ▶ 既然是都有门片的收纳，对屋主来说就不必担心会看起来杂乱，想在哪里放什么都可随心所欲。

材质混搭让收纳更有层次。

图片提供 © 白金里居空间设计

超有型

Case 09
混搭材质展现收纳品味

屋主需求 ▶ 留法回来的屋主希望将收纳整合在同一区域，并结合家具色调设计。

格局分析 ▶ 从大门进来，右手边为完整的餐厨区，左手边则为客厅，设计师将柜体全部落点在餐厨区前方整个墙面。

柜体规划 ▶ 整体为深色调，运用不少有质感的石材，并搭配使用深色木皮、灰镜，分别做好封闭式、开放式的收纳柜，让收纳更有层次性。

好收技巧 ▶ 不愿意让人看到的物品可以收在封闭式柜体里，常用或小巧的东西可以放在靠墙面的开放柜体上。

Case 10
善用畸零空间收纳

屋主需求 ▶ 除了收纳视听设备之外，也希望能设计卧榻区域。

格局分析 ▶ 维持原有格局，不动隔间。

柜体规划 ▶ 窗台设置卧榻的情形下，卧榻特意选用相同木皮，与电视柜相连，使视觉不致中断。转角处的柱体巧妙设置柜体修饰，遮掩畸零地带，维持干净立面。

好收技巧 ▶ 卧榻座面采用掀盖设计，不浪费卧榻空间，大大扩增收纳量。电视柜格交错，运用封闭和开放设计，展现活泼视觉，深度约43cm，方便放置视听设备。

右侧展示区的高度放得下一本书。

图片提供 © 演拓空间室内设计

高处用上掀，较好拿取。

图片提供 © 演拓空间室内设计 摄影 © 刘士诚

Case 11
转角也有强大收纳

屋主需求 ▶ 零碎物品较多，需要有充足的收纳空间。

格局分析 ▶ 入门玄关与卫浴相邻，沿着卫浴隔间外部设计收纳，巧妙善用空间。

柜体规划 ▶ 最难利用的转角处以收纳柜包覆，收纳开口交错运用，两侧皆可收纳的设计，一点都不浪费空间。

好收技巧 ▶ 不易拿取的上方空间则使用上掀，增加便利性；下方则为抽屉和开放柜体，随手收纳更方便。

图片提供©摩登雅舍室内设计

45cm 深的抽屉好拿取，不拥挤。

好分类

Case 12
依照拿取习惯分割收纳形式

屋主需求 ▶ 除了需另外设置长辈房外，也希望有充足的收纳空间。

格局分析 ▶ 35 坪老屋重新设置隔间，隔间外推，拉大长辈房面积。

柜体规划 ▶ 融入和室概念，架高空间铺设榻榻米，于地板底部暗藏抽屉和掀盖五金，大大提升收纳量。

好收技巧 ▶ 依照拿取习惯分割地板收纳。靠过道一侧采用深约 45cm 的抽屉，站在廊道也能轻松拉取，不拥挤。榻榻米中央则用掀盖收纳，方便拿取，适合放置使用频率较低的物品。

储藏空间尺寸细节全在这儿

|提示 1|

和室架高 40 ～ 45cm 可变储藏柜

不同于以前在和室多以盘腿的方式坐下，现在的和室更兼具收纳功能，通常会架高大约 40 ～ 45cm 规划储藏空间，上掀式的开启方式又分吸盘式和铰链式等。

|提示 2|

架高地板的抽屉一般为 50 ～ 60cm

和室地板的收纳设计可分为"抽屉"和"上掀式"两种，前者考虑抽轨五金的长度限制，和使用上的便利性，大多规划在 50 ～ 60cm 之间，宽度则依需求而定；后者虽看似不受五金轨道限制，但仍需考虑五金和地板结构的安全性与耐重性，还是建议将宽度设定在 60 ～ 90cm 以内。

|提示 3|

储藏室深度以 70 cm 为最佳

储藏室并不是杂物间，所以不是越大越好，空间大小以人不用走进去就能取得物品为佳，因此深度不能太深，大约 70 cm 最佳，可利用层板放置物品，不常用到的摆在上方或下方，经常使用的靠中间层放置。

|提示 4|

窗边坐榻可留 40 ～ 45cm 高

若空间允许，有些窗边都会规划坐榻，为了坐卧的舒适性，建议依照人体工学，将高度设计在 40 ～ 45cm 之间，而下面正好也能收纳玩具或杂物，至于宽度则可以依照需求而定，如果想让双脚可以更舒适地放在上面，宽度可做到 50 ～ 60cm；如想兼具小憩的功能，有些时候也可预留到 90cm。

图片提供：FUGE 格阁设计

内 容 提 要

　　是否在为家中收纳空间不足而烦恼？那么这本书可以帮助你从根本入手解决家中收纳不足的问题。关键在于装修时就规划好住宅中各区域的功能，设计出最适合自家住宅的收纳空间。本书共分 7 章，分别从玄关、客厅、餐厅和厨房、书房、卧室、浴室及储藏空间以图文并茂的形式介绍并分析了大量收纳空间设计的装修案例。本书可为有装修需求的读者提供实用的收纳设计方案。

　　北京市版权局著作权合同登记图字：01- 2018-2483 号

　　《收纳这样做，秒收不求人：拆解柜子尺寸细节，找出黄金收纳点，好收好拿才厉害》中文简体版 2018 通过四川一览文化传播广告有限公司代理，经台湾城邦文化事业股份有限公司麦浩斯出版事业部授予中国水利水电出版社独家发行，非经书面同意，不得以任何形式，任意重制转载。本著作限于中国大陆地区发行。

图书在版编目（ＣＩＰ）数据

懂收纳的家居设计 / 漂亮家居编辑部著. -- 北京 ：
中国水利水电出版社，2018.6
　　ISBN 978-7-5170-6527-2

Ⅰ．①懂… Ⅱ．①漂… Ⅲ．①住宅－室内装饰设计
Ⅳ．①TU241

中国版本图书馆CIP数据核字(2018)第117317号

策划编辑：庄晨　责任编辑：陈洁　加工编辑：白璐　封面设计：梁燕

书　　名	懂收纳的家居设计 DONG SHOUNA DE JIAJU SHEJI
作　　者	漂亮家居编辑部　著
出版发行	中国水利水电出版社
	（北京市海淀区玉渊潭南路 1 号 D 座 100038）
	网　址：www.waterpub.com.cn
	E-mail：mchannel@263.net（万水）
	sales@waterpub.com.cn
	电　话：（010）68367658（营销中心）、82562819（万水）
经　　售	全国各地新华书店和相关出版物销售网点
排　　版	北京万水电子信息有限公司
印　　刷	北京天恒嘉业印刷有限公司
规　　格	160 mm×210 mm　16 开本　14 印张　249 千字
版　　次	2018 年 6 月第 1 版　2018 年 6 月第 1 次印刷
定　　价	59.00 元